DK 676.1:678.5

FORSCHUNGSBERICHTE
DES WIRTSCHAFTS- UND VERKEHRSMINISTERIUMS
NORDRHEIN-WESTFALEN

Herausgegeben von Staatssekretär Prof. Dr. h. c. Dr. E. h. Leo Brandt

Nr. 574

Dr.-Ing. habil. Hans Klingelhöffer

Papiertechnische Stiftung, München

Trocknungsvorgänge beim Beschichten von Papier und Pappen mit Kunststoffdispersionen

Als Manuskript gedruckt

WESTDEUTSCHER VERLAG / KÖLN UND OPLADEN

1958

ISBN 978-3-663-03763-7   ISBN 978-3-663-04952-4 (eBook)
DOI 10.1007/978-3-663-04952-4

Forschungsberichte des Wirtschafts- und Verkehrsministeriums Nordrhein-Westfalen

Gliederung

I. Einleitung . . . . S. 5
  Bedeutung der Trocknung
  Technische Möglichkeiten
  Physikalische Aufgaben

II. Autragsarten . . . . S. 6
  Kunststoffdispersionen
  Rohpapier
  Beschichtungsanlagen

III. Eindringen des Auftrags . . . . S. 11
  Trennung der Bestandteile
  Eindringgeschwindigkeit
  Benetzungsgeschwindigkeit

IV. Technische Trocknungseinrichtungen . . . . S. 15
  Filz- und Lufttrocknung
  Heizzylinder
  Strahlungstrocknung

V. Theorie der Papiertrocknung . . . . S. 21
  Trocknungsstufen
  Wasserdampfverteilung
  Modellvorrichtungen

VI. Beschichtungstrocknung . . . . S. 24
  Kapillarwasserbewegung
  Randbedingungen
  Grenzen der Trocknungsgeschwindigkeit

VII. Filmbildung . . . . S. 30
  Ausfällen der Dispersion
  Konzentrationserhöhung
  Alterungserscheinungen

VIII. Technische Anwendung . . . . S. 32
  Konstruktive Durchbildung
  Wärmeprogramm
  Regelung der Trocknungselemente

  Literaturverzeichnis . . . . S. 34

I. Einleitung

Die <u>Bedeutung der Trocknung</u> als Arbeitsabschnitt der Papierveredlung zeigt sich bereits in ihrem betriebswirtschaftlichen Einfluß. Der hier anfallende Energiebedarf muß bei der Gesamtplanung des Betriebes mit berücksichtigt werden. Die Raumforderungen der Trockenlage grenzen vielfach an die gegebenen Möglichkeiten. Die Produktionsmenge hängt davon ab, mit welcher Geschwindigkeit das veredelte Papierprodukt getrocknet und damit lagerfähig gemacht werden kann. Schon äußerlich ist in Veredlungsbetrieben an der Größe der Entlüftungsanlagen, Trockenkanälen und Transportvorrichtungen zu erkennen, daß eine technische Verbesserung des Trocknungsvorganges einen unmittelbaren wirtschaftlichen Nutzen verspricht.

Die <u>technischen Möglichkeiten</u> hierzu ergeben sich sowohl aus der Anwendung neuer Trockenelemente als auch aus deren sinnvoller Steuerung. Solche Regelaufgaben werden durch die Wärmeträgheit der machinellen Einrichtung erschwert. Jedoch erfordert die Entwicklung, das Temperaturprogramm jeder Veredlungsanlage den theoretischen Gesetzen anzunähern.

<u>Physikalisch</u> stellt die Trocknung beim Beschichten von Papieren und Pappen zwei Teilaufgaben. Zunächst muß ein unterschiedlich beschichtetes Material mit unterschiedlichem Feuchtigkeitsgehalt möglichst rasch und ohne Veränderung der unbefeuchteten Schichten getrocknet werden. Während man bei der üblichen Papiertrocknung von der gleichmäßig durchnäßten Bahn ausgeht, beginnt der Trocknungsvorgang einer Beschichtung bereits ehe der Befeuchtungsvorgang zu einem Gleichgewichtszustand kam. Das zweite physikalische Problem ergibt sich daraus, daß die Trocknung einer Kunststoffdispersion nicht nur die Entfernung des Wassers zum Ziel hat, sondern auch die fehlerfreie Filmbildung, also kolloidale Vorgänge beim Übergang von der Dispersion zum Gel.

Der folgende Bericht stellt zunächst die technologischen Gegebenheiten zusammen, wie sie die heutige Veredlungstechnik bietet. Danach werden die entscheidenden Einflußgrößen gekennzeichnet und soweit wie möglich meßtechnisch erfaßt. Die theoretische Behandlung des Trocknungsvorganges und experimentelle Einblicke in die kolloidalen Vorgänge sollen schließlich den Weg zeigen, wie vorhandene Anlagen optimal zu regeln sind und welche konstruktiven Entwicklungen aussichtsreich erscheinen.

II. Auftragsarten

Je nach der Auftragstechnik sind der Trocknung andere Arbeitsbedingungen gestellt. Daher müssen die Punkte hervorgehoben werden, an denen schon beim Auftrag der Veredlungsmittel deren Trocknung unterstützt werden kann.

Der besondere Vorteil der Kunststoffdispersionen [1] ist die geringe Viskosität selbst bei hohem Feststoffgehalt. Die dünnflüssigen Massen lassen sich durch Besprühen, Tauchen oder mit Walzen aufbringen, während für zähe Stoffe nur der Rakelauftrag geeignet ist. Auch lassen sich geringere Schichtdicken gleichmäßig erzeugen, was einen sparsamen Verbrauch bedeutet. Ohne Blasenbildung schließen sich Dispersionen den Rauhigkeiten des Rohpapieres an. Daß solche Vorteile bei hoher Konzentration geboten werden, beschleunigt die Wasserentfernung und erleichtert die Filmbildung.

Von dem Rohpapier [2] wird neben technologischer Eignung wie z.B. ausreichende Naßfestigkeit und nicht zu starke Quellung sehr gleichmäßige Saugfähigkeit verlangt. Alle im folgenden behandelte Maßnahmen sind zwecklos, wenn das Rohpapier das Veredlungsmittel von Stelle zu Stelle unterschiedlich aufnimmt. Eine Präpaierung schon bei der Papierherstellung oder in einem vorgeschalteten Arbeitsgang kann die Grundeigenschaften verbessern. In der Beschichtungsanlage selbst sollen Möglichkeiten gegeben sein, durch Heiz-, Kühl- und Befeuchtungsvorrichtungen eine schichtweise Klimatisierung der Papiere und Pappen durchzuführen. Hiermit läßt sich gegebenenfalls auch der unterschiedliche Anlieferungszustand der Rohpapierrollen ausgleichen.

Die Betriebsbedingungen der Beschichtungsanlagen [3] sind unter dem Gesichtspunkt der Trocknung durch Zeitdiagramme (Abb. 1) zu kennzeichnen. Man liest daraus, welche Vorbehandlungszeiten Rohpapier und Veredlungsmittel zu durchlaufen haben, ehe sie im Auftragsteil zusammentreffen. Der hier wirkende Druck- Zeitverlauf wird erfaßt und die Grenzen des anschließenden Trockenbereiches werden festgelegt. Kaschierzusätze Prägewalzen, Kühlvorrichtungen und Aufrollung schließen das Bild ab.
Da die Anlage mit verschiedenen Geschwindigkeiten beim Einstellen während der Produktion und bei irgendwelchen Störungen gefahren wird, soll aus dem Diagramm ersichtlich sein, wo hierdurch der Veredlungsvorgang auch

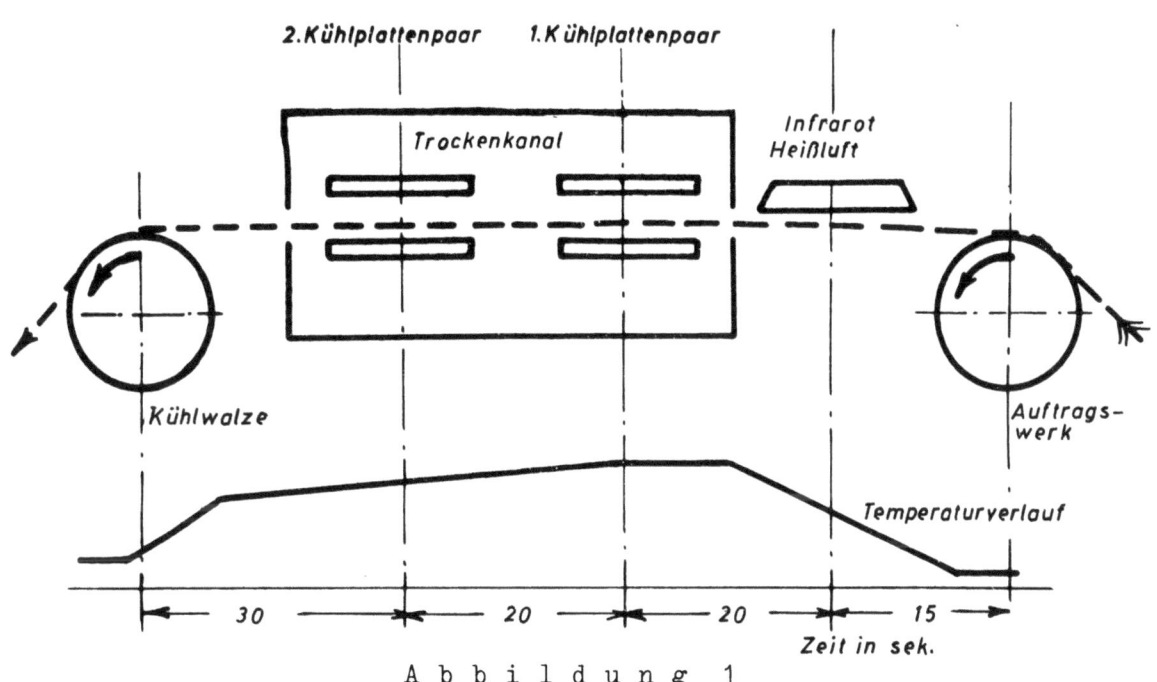

Abbildung 1

Temperatur-Zeitdiagramm einer Beschichtungsanlage
(Inst.Papiert.Stiftg.)

qualitativ verändert wird, etwa infolge der Geschwindigkeitsabhängigkeit der rheologischen Eigenschaften der Dispersionen oder durch Überhitzungen unter Strahlungstrocknern.

Konstruktive Maßnahmen können an Hand des Zeitdiagrammes vor allem die Regelbarkeit verbessern. So sollten die Auftrags- und Egalisierungseinrichtungen, Spann- und Umlenkrollen die Durchführung von Trocknungsmaßnahmen nicht behindern, sondern im Gegenteil eine enge Nachbarschaft z.B. zwischen Auftragswalzen und erstem Trockenelement erlauben. Es darf allerdings nicht verschwiegen werden, daß gleichzeitige Reinigungsschwierigkeiten auftreten, die bekanntlich um so ernster sind, je hochwertigere Veredlungsmittel gewählt wurden. Die Gebrauchsgüte umfaßt Widerstand gegen Lösungsmittel, mechanischer Abrieb und geschlossene Oberfläche, alles Eigenschaften, die das Entfernen der Kunststoffe von Maschinenteilen außerordentlich erschweren. Solange der Trockenteil dagegen von den Auftragsvorrichtungen weiter entfernt ist, bleiben die Veredlungsmittel zunächst in einem Zwischenzustand, der eine leichtere Reinigung gestattet.

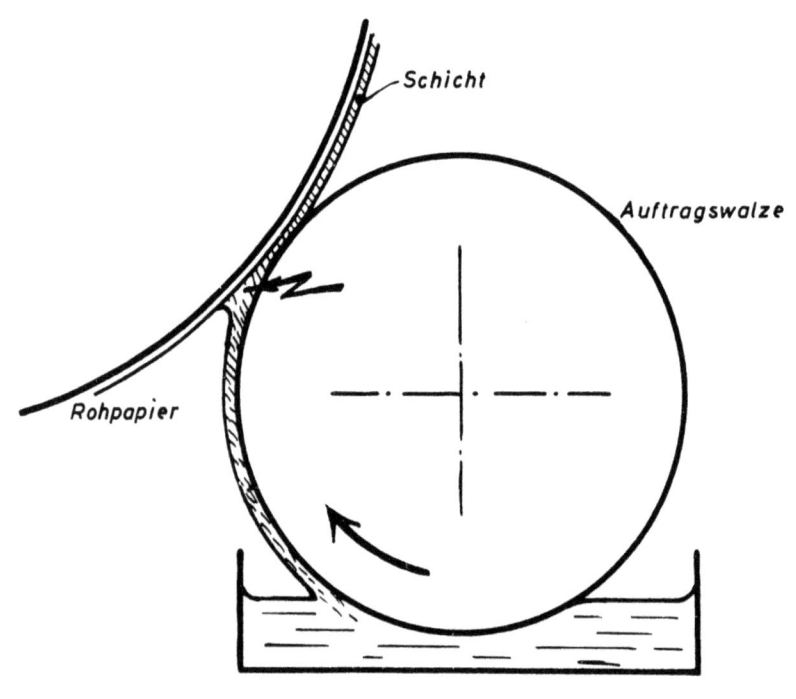

A b b i l d u n g 2
Bildung eines hängenden Flüssigkeitskeils bei
Walzenbeschichtungsauftrag

Die geometrischen Verhältnisse des <u>Auftragsteils</u> (Abb. 2) bestimmen zusammen mit der Maschinengeschwindigkeit und den rheologischen Eigenschaften der Dispersion die Kräfte im Flüssigkeitskeil. Diese beeinflussen das Vordringen des Auftrags in das Papier und damit Verankerung und Trockenvoraussetzungen. Die Tatsache, daß Beschichtungsversuche nicht mit behelfsmäßigen Laboreinrichtungen, sondern immer in praxisähnlichen Anlagen durchgeführt werden können, hat ihren Grund im wesentlichen in der Unmöglichkeit, die Strukturviskosität und die Benetzungskräfte der verwendeten Flüssigkeiten modellähnlich im Flüssigkeitskeil zur Wirkung kommen lassen, wenn die geometrischen und die Geschwindigkeitsbedingungen in Versuch und Praxis nicht übereinstimmen.

Die Betriebsbedingungen sind mit der erstmaligen Einstellung nicht endgültig festgelegt, sondern es treten Schwankungen auf, die von der Arbeitsgeschwindigkeit, unstabilen Benetzungsverhältnissen und ähnlichen abhängen. Die Arbeitsgeschwindigkeit wechselt bereits beim Übergang vom ersten Einstellen auf die volle Produktionsgeschwindigkeit. Die Benetzungsverhältnisse werden bei dem Auffüllen des Vorratstroges oder durch Strömungsänderungen im Zuleitungssystem ausgelöst. Bis zu einem gewissen Grad könnte man diese Schwankungen z.B. durch Abstandsänderungen zwischen den Walzen und durch Heizungsregelung ausgleichen, jedoch fehlen zurzeit noch Anzeigegeräte, die dem Maschinenführer ein Richtmaß anzeigen. Zur Messung der Auftragsstärke ist grundsätzlich jede Flächengewichtsanzeige brauchbar, beispielsweise das von der Firma Frieseke & Hoepfner, Erlangen, entwickelte Beta-Strahler-Gerät [4], das auch sonst in der Papierindustrie Eingang gefunden hat. Die Auftragsstärke ergibt sich als Differenz des Flächengewichtes von Rohpapier und von beschichtetem Papier, wobei der Zeitunterschied von Meßstelle zu Meßstelle je nach der Arbeitsgeschwindigkeit berücksichtigt werden muß. Da dieses Meßgerät zwar gute Genauigkeit bietet, aber recht aufwendig ist, empfiehlt sich auch die Benutzung einfacherer Hilfsmittel, selbst wenn sie nur einen qualitativen Anhalt bieten. So bewährte sich die Beobachtung der Auftragsschicht bei ultraviolettem Licht. Zwar muß abgeraten werden, nach diesem Prinzip eine eichbare Meßanordnung anzustreben, da die Fluoreszenzerscheinungen von einer großen Zahl nicht immer übersehbarer Einflußgrößen abhängen, jedoch ist die Hervorhebung von Betriebsschwankungen schon nützlich genug, um gleichmäßige Bedingungen anstreben zu können. Abbildung 3 zeigt die Verdeutlichung von Beschichtungsunterschieden im U.V.-Licht, wobei darauf hingewiesen werden darf, daß die Schwarz-Weißwiedergabe keineswegs den vollen Eindruck des natürlichen Fluoreszenzbildes erkennen läßt.

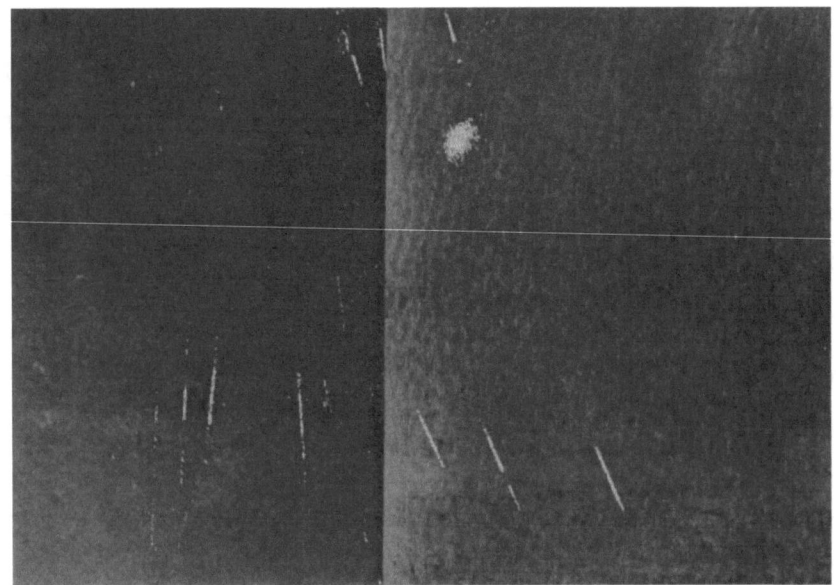

fehlerfrei   übertrocknet

a) Vergleichsaufnahme bei Tageslichtbeleuchtung

nach Rand zu abfallende   größere Trockenunter-
Trocknung   schiede auch örtlich
                               benachbart

Fluoreszenzfarbe: blau   weißlich

b) Fluoreszenzaufnahmen unter der UVANALYS-Lampe

A b b i l d u n g 3

Beurteilung von Kunststoffbeschichtungen unter
einer Ultraviolett-Analysenlampe

III. Eindringen des Auftrages

Die <u>Auswahl der Veredlungsmittel</u> und des Rohpapieres richtet sich nach dem angestrebten Gebrauchszweck und soweit möglich nach den Erfordernissen des Auftragswerkes. Für den Trocknungsvorgang hat die Rezeptur zu den technologischen Gegebenheiten zu zählen. Neben dem Kunststoff, der selbst schon nach Polymerisationsgrad und chemischen Verkettungen eine beträchtliche Variationsbreite haben kann, ist eine große Zahl von Hilfsstoffen beteiligt. Diese sollen als Emulgatoren, Stabilisatoren, Entschäumungsmittel und dgl. das kolloidale Verhalten verbessern oder erhöhen, in dem Gebrauch die Bedruckbarkeit, Alterungsbeständigkeit und Verhalten gegenüber Packgütern etwa im Sinn der Korrosionsveränderung. Die stoffliche Zusammensetzung der zugelieferten Dispersionen ist dem Veredlungsbetrieb selten im einzelnen bekannt. Im allgemeinen wird der Kunststoff-Fabrikant die Folgen einer Rezepturänderung auf dem Beschichtungsvorgang nicht übersehen und auch dann keine Hinweise geben können, wenn ihn kaufmännische Gesichtspunkte an der Bekanntgabe nicht hindern würden.

Für den Veredlungsbetrieb ist eine ausreichende Einsicht in die Zusammensetzung des Veredlungsmittels gesichert, wenn durch qualitative Versuche das Verhalten beim Eindringen des Dispersionsgemisches in das Rohpapier geklärt ist. Selbst wenn die Einzelbestandteile hierbei nicht in ihrer chemischen Zusammensetzung erkannt werden, wird die <u>Trennung der Bestandteile</u> analog den Vorgängen bei der Auftragspraxis erfaßt. Die experimentelle Technik der Adsorptionsanalyse [5] erwies sich für die vorliegenden Bedürfnisse gut verwendbar. Nach der in Abbildung 4 skizzierten Weise läßt sich das Vordringen der Dispersionsbestandteile in dem geeignet zu wählenden chromatographischen Papier verfolgen. Man erkennt daraus, ob die Kunststoffdispersion als solche überhaupt in das Papier eindringt, oder an der Oberfläche abgefiltert wird. In diesen Fällen dringt die Wasserfront allein vor, langsamer oder schneller, je nachdem, ob es sich um normales, oder mit Benetzungsmitteln versetztes Dispersionswasser handelt. Waren lösliche Bestandteile der Dispersion etwa als Emulgierungsmittel oder Stabilisatoren beigegeben, so erscheinen diese in getrennten Fronten auf dem Probestreifen. Sollten sich die Einzelbestandteile nicht deutlich genug abheben, so ist ein "Entwickeln" des Sorptionsbildes angebracht. Bei den bisher untersuchten Fällen genügte dazu meist

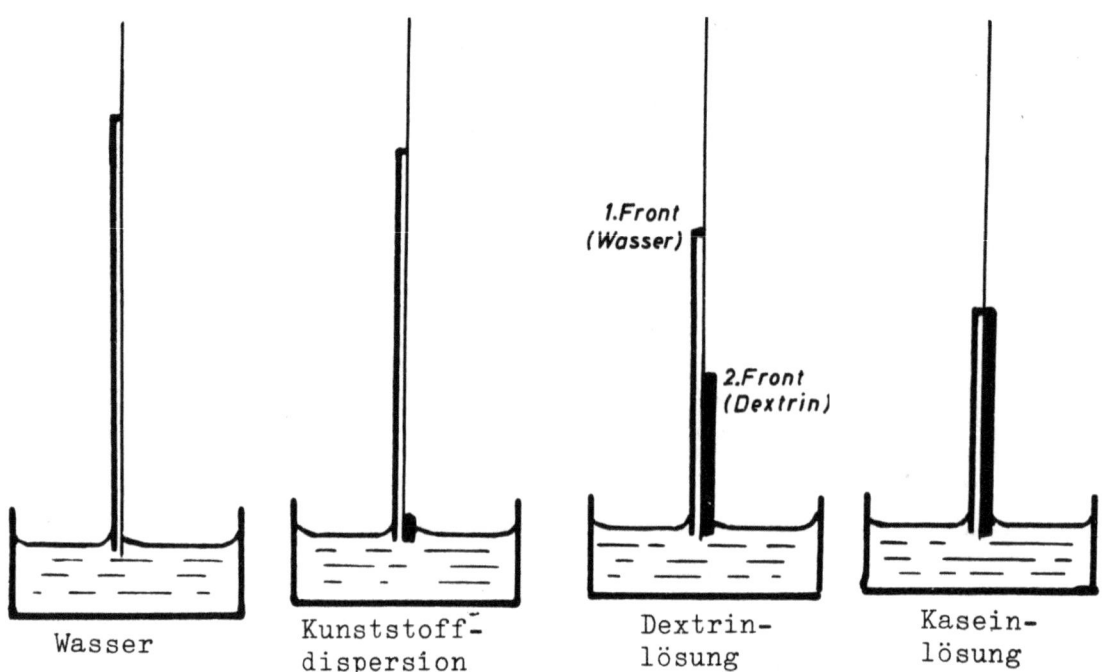

Abbildung 4
Grundtypen der Sorptionsanalyse

ein p_H-Indikator, der mit einer Spritzflasche vorsichtig aufgesprüht wird. Die innere Verwandtschaft des Sorptionsversuches mit den Arbeitsverhältnissen nach dem Auftrag gestattet über eine Analyse der Veredlungsmittel hinaus auch deren Verhalten im Rohpapier abzuschätzen. Als Beispiel sei der Rückstau genannt, der bei Beschichtungen von großer praktischer Bedeutung sein kann. Es handelt sich dabei um die in Abbildung 5 wiedergegebene Erscheinung, daß die Einzelfronten der Veredlungsbestandteilen mit typischen Geschwindigkeiten in das Papier einziehen, dann aber alle stehen bleiben, wenn die erste Front auf ein Hindernis stößt. Dies kann z.B. eine auf der Gegenfläche bereits vorhandene dichte Kunststoffschicht sein. Milder, aber grundsätzlich gleichartigt wirkt sich das Auftreten auf die freie Gegenoberfläche oder auf die andersklimatisierte Rohpapierschichten aus. Alle derartige Erscheinungen können für die jeweils verwendete Kunststoffdispersion mit Hilfe der Sorptionsanalyse erkannt werden. Auch andere Störungen z.B. die Anlösung von Rohpapierbestandteilen oder die Reaktion mit den Aktivstellen der Cellulosefaser und ähnliches kann in entsprechend angesetzten Versuchen grundsätzlich geklärt werden. Die Grenze dieser Versuchstechnik liegt darin,

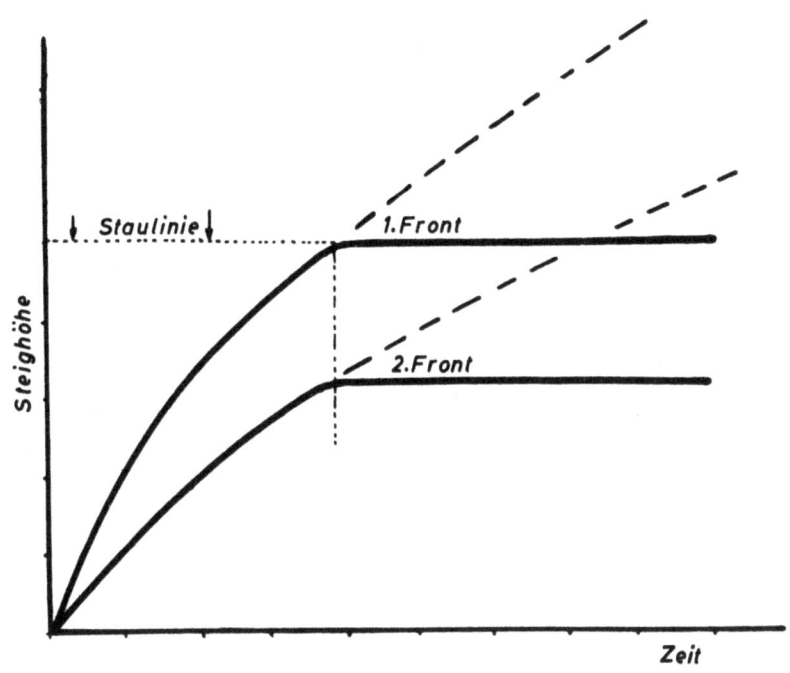

A b b i l d u n g 5
Rückstau nach Erreichen der Saughöhenbegrenzung
(gestrichelt: ungestörter Verlauf)

daß das chromatographische Papier zunächst nicht mit der Papierzusammensetzung des Rohpapieres übereinstimmt und die Sorptionsvorgänge in Blattrichtung untersucht werden und nicht, wie es bei der Beschichtung der Fall ist, senkrecht zur Papierfläche.

Um von den qualitativen Ergebnissen der Sorptionsanalyse auf technische Daten für den Beschichtungsvorgang und damit auf die Grundlagen der Trocknungsaufgabe zu kommen, muß versucht werden, auch an den Rohpapieren selbst, und zwar senkrecht zur Papierfläche die Flüssigkeitswanderung festzustellen. Man könnte daran denken, durch Querschnittsaufnahmen die Gültigkeit der Sorptionsergebnisse zu überprüfen, jedoch war bisher, von Ausnahmefällen abgesehen, hierbei keine ausreichende Genauigkeit möglich, ganz angesehen von dem Zeitbedarf, der einen Vergleich mit den laufenden Betriebsverhältnissen ausschließt. Die <u>Eindringgeschwindigkeit</u> der ersten Wasserfront ist jedoch mit einiger Genauigkeit zu erfassen. Die Papierprüfung kennt solche Verfahren, wie z.B. das nach Agahd, bei dem der Durchschlag des Wassers mit elektrischen Anzeigemitteln erfaßt wird. Für die Aufgaben der Kunststoffbeschichtung ist vielfach ein

Tabelle 1

Wasserdurchschlagzeiten für verschiedene Rohpapiere

Papiersorte	Flächengewicht g/m^2	Dicke mm	Wasserdurchlaßzeit sek
Kondensatorpapier	17	0,01	1
holzh' Durchschlagpapier	27	0,06	12
Natronkraftpapier	65	0,10	40
Zeitungsdruckpapier	54	0,05	7
holzfreies Masch.Schreibp	68	0,09	55
" " " "	75	0,09	47
" " " "	78	0,08	43
Schreibpapier	85	0,07	57
Hülsenwickelpapier (Schrenz)	120	0,17	116
" " " (Stroh)	137	0,31	9

ähnlicher Gerätetyp zweckmäßiger der für die vorliegenden Versuche in der Bauart der Firma Doser, Gerätebau, Füssen, zur Verfügung stand. Hierbei wird eine sehr hochohmige elektrische Gleichhochspannung über Flächenelektroden an die Papieroberfläche gelegt und deren Kapazitätsspannung gemessen. Je nach dem Oberflächenwiderstand und der Dielektrizitätskonstanten des benachbarten Papierbereiches stellt sich diese Spannung auf einen Bruchteil des Wertes ein, der bei freien Elektroden durch die Eichvorrichtung konstant gehalten wird. Dieses Gerät hat den besonderen Vorteil, nicht nur in erwünschter Weise sowohl von den kapazitiven als auch Leitfähigkeitseigenschaften des Papiers beeinflußt zu sein, sondern auch sowohl für Einzelmessungen an Proben, als auch für Messungen an der laufenden Bahn in der Beschichtungsmaschine geeignet zu sein. Tabelle 1 gibt so bestimmte Durchschlagzeiten an. Man erkennt daraus durch eine Überschlagsrechnung, daß bereits bei relativ kleinen Arbeitsgeschwindigkeiten der vollständige Durchschlag des Wassers durch das Rohpapier erst nach mehreren Metern erreicht ist. Daher ist es als normal anzusehen, daß die Trocknung der Bahn nicht von einem gleichmäßigen Feuchtigkeitszustand ausgeht, sondern bereits während der Befeuchtung einsetzt und daher durch gedrängten Anbau der Trocknungsvorrichtung an das Auftragsteil die später zu charakterisierende "Stopptrocknung" möglich wird.

Bei der Messung der Durchschlagsgeschwindigkeit an Einzelproben spielt die Benetzungsgeschwindigkeit des Papiers eine merkliche Rolle. Je nach dem Klimatisierungszustand des Papiers und dem Unterschied des Benetzungswinkels von trockner zu bereits angefeuchteter Papieroberfläche dauert das Anspringen der Flüssigkeitshaut und der Beginn der inneren Feuchtigkeitswanderung unterschiedliche Zeit. Man kann den Betrag etwa dadurch abschätzen, daß man im übrigen gleichartige, verschieden dicke Papiere prüft. Nach bisherigen Versuchen spielt diese Zeitverzögerung im Auftragswerk der Beschichtungsmaschine keine Rolle, da dort die Strömungsbedingungen und die damit gegebenen Druckverhältnisse die Flüssigkeit bereits in die Papieroberfläche einpressen, ehe es zur Feuchtigkeitssorption der Fasern kam.

IV. Technische Trocknungseinrichtungen

Die zur Trocknung von Papieren bisher verwendeten technischen Hilfsmittel sind überraschend vielseitig. Gerade die etwas begrenzte Auswahl von Trocknungsprinzipien bei Beschichtungsmaschinen läßt es angezeigt sein, sich vorweg über die Mannigfaltigkeit der in Frage kommenden Trocknungsverfahren klar zu werden. Schon die Blattbildung in der Papiermaschine, die im wesentlichen ein mehrstufiger Trocknungsvorgang ist, benutzt unterschiedliche Mittel. Beginnend mit der Wasserabsaugung am Sieb, die zunächst rein als Schwerewirkung, dann unterstützt durch die Luftströmung zu einem Vakuumbehälter stattfindet, geht man zur Trocknung auf einem Filz über. Die Blattfeuchtigkeit wandert in einem Diffusionsvorgang in den vorgetrockneten Filz über, ohne daß ein Temperaturgefälle zu Hilfe kommen muß. Dagegen verwenden Trockentrommeln der Papierfärberei Filze, die die zu trocknende Papierbahn auf einen Heizzylinder anpreßt (Abb. 6), womit nicht nur ein unterstützendes Wärmegefälle erzeugt, sondern auch der Kontakt der Papierfläche mit dem Filz verbessert wird. Überhaupt kann als wesentlicher Vorteil der Filztrocknung angesehen werden, daß der Feuchtigkeitswanderung aus dem Papier keine hemmende Grenzschicht gegenübersteht, sondern bei richtiger Klimatisierung des Filzes das austretende Wasser beschleunigt aufgesaugt wird. Die Lufttrocknung von Papieren benutzt zwar das gleiche Prinzip wie die Filztrocknung, indem das austretende Wasser aufgenommen und weggeführt wird. Die Aufnahmefaähigkeit der Luft, insbesondere von erwärmter Luft, ist

Abbildung 6
Heizbare Trockentrommel mit Trockenfilz für
Papierfärberei-Versuche

größer als die des Trockenfilzes, jedoch sind Grenzschichtschwierigkeiten nicht einfach zu überwinden. Die neueren Untersuchungen führten daher zu konstruktiven Abänderungen, deren Ziel die Zerstörung der feuchten Luftgrenzschicht ist. In diesem Zusammenhang sind z.B. die Senkrechtdüsentrockner zu nennen, bei denen die Trocknungsluft in scharfen Strahl auf die Papierfläche auftrifft und wirbelnd die Verdunstungshaut wegreißt. In ähnlicher Weise werden die Luftzu- und -abfuhr bei kombinierten Infrarot-Trocknern (Abb. 7) ausgebildet. Es ist überraschend, wie häufig bei Lufttrocknern einfacherer Bauart diese Gesichtspunkte nicht berücksichtigt werden und nur ein minimaler Bruchteil der umgewälzten Trocknungsluft überhaupt mit der Papierfläche in Berührung kommt, geschweige denn die recht festhaftende Grenzschicht abzutrennen imstande ist.

Die Trocknung mittels <u>Heizzylinder</u> ist insofern ein indirektes Verfahren, als zunächst die Temperatur und damit der Dampfdruck der Feuchtigkeit in der Papierschicht durch Anheizen geändert und auf diesem Weg eine Feuchtigkeitswanderung in dem Papier verursacht wird. Der technisch entscheidende Punkt ist der Wärmeübergang von der Heizwalze auf die angrenzende Papierschicht. Die Wärmeübergangszahl hängt einesteils von dem Anpreßdruck und damit, außer von anderen Gegebenheiten der Trocknungs-

Abbildung 7
Versuchsanordnung eines Infrarot-Heißluft-Trockners
in der Beschichtungsanlage

anlage, von dem Umschlingungswinkel ab. Das Papier selbst beeinflußt die Wärmeübergangszahl sowohl durch seine Anschmiegbarkeit als auch durch Gleitbewegungen, die durch das Schrumpfen verursacht werden; bereits kleine örtliche Relativbewegungen, erst recht aber das Ausweichen von Längenänderungen der Gesamtbahn. Solche sind sowohl quer zur Bahnrichtung gegeben, wie auch in Längsrichtung. Beide ändern die Reibungsverhältnisse zwischen Papierbahn und Trockenzylinder ab, indem aus der Reibung der Ruhe eine Reibung der Bewegung wird. In manchen Fällen kann es zweckmäßig sein, die Bewegungsreibung zur Regel zu machen, indem durch entsprechende Abbremsung der Papierbahn ein dauernder Schlupf eingestellt wird, oder aber schließlich die Trockenwalze stillsteht und das Papier mit der vollen Bahngeschwindigkeit über die Heizfläche gleitet. Neben der Wärmeübergangszahl ist die Temperaturträgheit der Heizwalzen gegenüber den Regelanforderungen zu beachten. Von allen Trockenvorrichtungen hat der Heizzylinder die größte Temperaturträgheit, was sich günstig auswirken kann, indem unterschiedliche Papierverhältnisse die Temperatur auf dem Zylinder nicht zu ändern vermögen, andererseits aber stören die langen Anheizzeiten und die Schwierigkeit, neue Regelstufen einzustellen. Je nach der Dicke der Heizwandung und der Intensität der Heizelemente, gegebenenfalls durch Beigabe von zusätzlichen Kühleinrichtungen, kann der Konstrukteur die Schwierigkeiten mildern.

Gerade in bezug auf die Einstellgeschwindigkeit bieten die <u>Strahlungstrockner</u> [6] erhebliche Vorteile. Abbildung 8 zeigt den Temperaturverlauf an der Unterseite einer mit langsamer Geschwindigkeit bewegten dünnen Papierbahn unter einem Infrarotstrahler, der in verschiedener Höhe angebracht wurde. Zur Temperaturmessung diente ein Oberflächen-Thermoelementgerät (Bauart Doser), dessen Ansprechgeschwindigkeit sich den hier gestellten technischen Bedingungen gut anpaßt. Sowohl die Anheiz- als auch die Abkühlkurve zeigt die Eignung der Strahlungstrockner für gesteuerte Trockenvorgänge. Je nach der Ausbildung des Strahlungskörpers kann die gesamte Bahnbreite unterschiedlich scharf auf einer Querlinie eingestellt werden oder etwas verwaschen wirken, so daß jeder Strahlungsbereich den des nächsten Strahlers überlappt. Betriebsschwierigkeiten sind nur bei plötzlichem Stillstand der Bahn zu befürchten, wenn die Nachwärmung der energiestarken Strahler die Schicht verkohlt oder sogar das Papier entzündet. In diesem Fall sind Schutzschirme vorzuklappen.

Als weiterer Vorteil wird die Möglichkeit anzusehen sein, daß je nach der Anheiztemperatur das <u>Strahlungsspektrum</u> des Trockners verschoben werden kann und damit die Tiefenwirkung der Trocknung einstellbar ist. In Abbildung 9 ist als Beispiel die Absorption von Wärmestrahlen durch dünne Wasserschichten wiedergegeben, wie sie unmittelbar nach dem Dispersionsauftrag angenommen werden können. Man sieht daraus, daß je nach der Trocknungsabsicht die Wärmeenergie im wesentlichen durch die Wasserschicht oder aber durch die darunter liegende Papierschicht aufgenommen wird, wobei nur Strahler unterschiedlicher Temperatur ausgewählt werden müssen. Die Hoffnungen, feinere spektrale Unterschiede ausnutzen zu können, wurden bei der Lacktrocknung erprobt, führten aber bereits dort infolge schwankender Absorptionseigenschaften der Veredlungsschichten nicht ganz zu dem gewünschten Erfolg. Für Beschichtungsfragen der hier behandelten Art wird die ungefähre Einordnung der handelsüblichen Strahlertypen ausreichend sein. Physikalisch zählen auch einfache Heizplattentrockner zu den Strahlungstrocknern. Sie unterscheiden sich von den sog. Infrarottrocknern technisch durch wesentlich tiefere Strahlungstemperaturen und breitere Strahlungsfläche. Dementsprechend wirken sie milder und dienen insbesondere der Nachklimatisierung.

Forschungsberichte des Wirtschafts- und Verkehrsministeriums Nordrhein-Westfalen

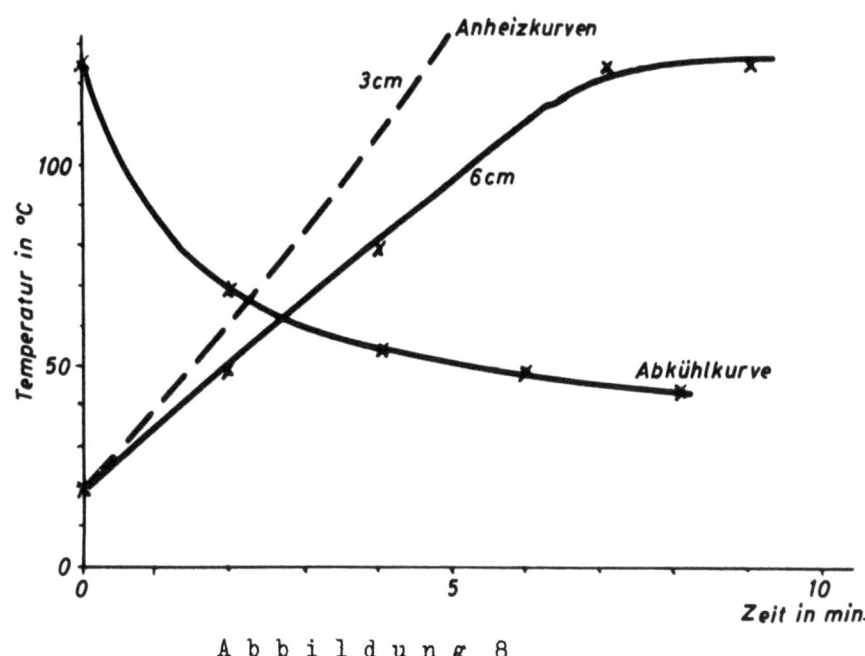

Abbildung 8

Anheiz- und Abkühlkurven einer langsam bewegten Papierbahn unter einem Infrarotstrahler mit verschiedenem Abstand

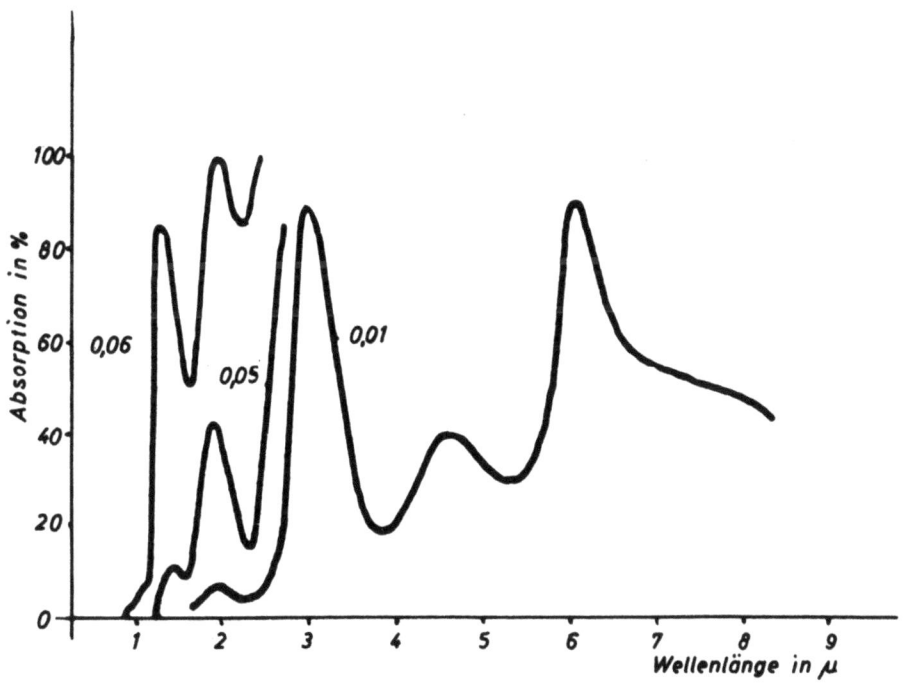

Abbildung 9

Strahlungsabsorption verschieden dicker Wasserschichten (nach Aschkinass)

Schließlich ist noch darauf aufmerksam zu machen, daß die Strahlungstrockner, im Gegensatz zu den bisher genannten technischen Möglichkeiten beide Bahnseiten erfassen können, ohne die noch nasse Schichtseite zu beschädigen. Entsteht ein zu großer Bahndurchgang bzw. erlaubt die geringe Papierfestigkeit keinen starken Bahnzug, so wird im feuchten Bereich die Bahn entweder in senkrechten Trockentürmen geführt oder auf Luftkissen (Spaltdüsen) getragen. Die freien Oberflächen können beidseitig den Austritt des verdampften Wassers gestatten, der allein durch das innere Wärmegefälle im Papier gesteuert wird. Andererseits ist die Strahlertrocknung nicht imstande, von sich aus die feuchten Luftgrenzschichten über dem Papier zu entfernen. Daher erwies sich die in Abbildung 7 bereits gezeigte Kombination mit der Lufttrocknung so nützlich, wobei diese im wesentlichen nicht als Energieträger, sondern allein zur Aufnahme und Wegführung der Grenzschicht dient. Hierbei wird die Strahlungstrocknung zusätzlich intensiviert, da die feuchten Luftschwaden über dem Papier als Absorptionsschleier die Einstrahlung in die zu trocknende Schicht abschwächen.

Der Wunsch, nicht nur von außen her die Trocknung des Papiers zu veranlassen, sondern wenn möglich, durch Energieaufnahme im Innern das absorbierte Wasser in Bewegung zu setzen, veranlaßte eine Reihe von Versuchen mit Hochfrequenztrocknung. Die physikalischen Vorbedingungen erscheinen insofern außerordentlich günstig, als die feuchten Papierschichten mit ihrer hohen Dielektrizitätskonstanten und dem großen dielektrischen Verlust die eingebrachte elektromagnetische Energie auf sich konzentrieren. Die Nachteile der Hochfrequenztrocknung gehen nicht nur auf den außerordentlich hohen Aufwand an Einrichtungs- und Betriebskosten zurück, sondern sind zum Teil auch technischer Art. Wenn die Trocknungsenergie einen bestimmten, je nach der Papierart unterschiedlichen Wert überschreitet, so treten infolge labiler Leitfähigkeitsverhältnisse örtliche Wärmestauungen auf, die sehr rasch zur Verkohlung und auch zum Wärmedurchschlag führen können. Bis zu einem gewissen Grad verringern sich diese Schwierigkeiten bei der Wahl extrem kurzer Wellen, wobei dann allerdings wieder der Aufwand steigt und die Schwierigkeit, hinreichende Energiemengen zur Verfügung zu stellen. Die Hochfrequenztrocknung würde eine sehr sorgfältige Betriebsregeltechnik erfordern, da sich während des Trocknungsvorganges die dielektrischen Grundgrößen ändern und die Geräteeinstellung entsprechend angepaßt werden muß. Alle diese Schwierigkeiten haben bisher verhindert, daß die Hochfrequenztrocknung in Beschichtungsanlagen Verwendung fand. Trotzdem erscheint es zweckmäßig, ihre grundsätzlichen Möglichkeiten nicht aus dem Auge zu verlieren, da gewisse Schwierigkeiten, die im folgenden zu besprechen sind, allein durch Erhitzen von innen heraus zu überwinden wären.

V. Theorie der Papiertrocknung

Da die Trocknung eines gleichmäßig durchgefeuchteten Papieres die wesentliche Aufgabe der Papiermaschinen ist, liegt eine ganze Anzahl von Arbeiten [7] vor, die die hierfür geltenden Gesetze behandelt. Im wesentlichen muß für den zur Untersuchung stehenden Papierquerschnitt Temperaturverlauf, Dampfdruck sowie Wasser- und Wasserdampfbewegung erfaßt werden. Entsprechend den bei allen hygroskopischen Gütern geltenden Trocknungsbedingungen unterscheidet man 3 Trockenstufen. Die erste umfaßt die Vorwärmung des nassen Papieres, bei der entsprechend der allmählich ansteigenden Temperatur eine Oberflächenverdampfung einsetzt und das absorbierte Wasser allmählich zur Oberfläche hin diffundiert. Die zweite Stufe ist erreicht, wenn eine gleichbleibende Verdampfung an der Oberfläche das Gleichgewicht zwischen zugeführter Wärmeenergie und verbrauchter Verdampfungswärme anzeigt. Während der ersten Trockenstufe ändern sich Temperatur und Dampfdruck, so daß auch Wasser- und Wasserdampfbewegung nicht einfach zu übersehen sind. Dagegen umfaßt die zweite Trockenstufe eine stetige Stoffwanderung bei konstanten Temperatur- und Dampfdruckverhältnissen. Die Wasser- und Wasserdampfbewegung ist mindestens qualitativ völlig zu übersehen und kann durch Zustandsdiagramme nach Art der Abbildung 10 beschrieben werden. Je nachdem, ob beidseitig offene Oberflächen vorhanden sind, oder wie für den Fall der Trockentrommeln, in der Papiermaschine die geheizte Seite dicht durch den Metallzylinder abgeschlossen ist, kann der Wasserdampf beidseitig oder einseitig austreten. Entsprechend ändert sich die Diffusionsrichtung des Wassers in dem Papier infolge des Kapillarsogs.

Als dritte Trockenstufe beschreibt man die abschließende Phase, in der das Wasser soweit verdampft ist, daß die Nachlieferung an die Papieroberfläche nicht mehr ausreicht, die Verdampfung also auf einer inneren Front stattfindet. Diese zieht sich immer weiter in das Papier zurück, bis schließlich nur noch Wasserdampf in den Poren und auf den Faseroberflächen anzunehmen ist. Alle Zustandsgrößen sind dann zeitlich veränderlich, analog den Verhältnissen im ersten Trocknungsabschnitt. Für die Technik der Papiertrocknung ergeben sich daraus Gefahrenquellen infolge örtlicher Überhitzung. Die zahlenmäßige Erfassung der dritten Trockenstufe macht auch insofern besondere Schwierigkeiten, als die Stoffeigenschaften z.B. in bezug auf Benetzbarkeit, Quellbarkeit, Wärmeleitfähigkeit und anderes bei unterschiedlichem Feuchtigkeitsgehalt sich mit verändern. Gerade für diesen Bereich ist daher die experimentelle Kontrolle des theoretisch vermuteten Sachverhalts erwünscht.

Als Hilfsmittel zur qualitativen Demonstration der genannten Vorgänge können nach Vorschlag anderer Stellen [8] und nach eigenen Versuchen Färbverfahren herangezogen werden. Man benutzt entweder wasserlösliche Farbstoffe, die sich an der Umwandlungsschicht von Wasser in Wasserdampf absetzen und dort eine besondere intensive Anfärbung hinterlassen. Bei dem in Abbildung 10 dargestellten Fall verteilt sich der Farbstoff im wesentlichen auf die beiden Grenzschichten. An der freien Oberfläche überrascht dies nicht, da dorthin gewandertes Wasser unmittelbar ins Freie verdampft. Die Farbintensivierung an der abgedichteten Innenfläche läßt erkennen, daß auch hier Wasser in Dampf verwandelt wurde, der nun als solcher durch die gesamte Papierdicke nach außen diffundieren mußte. Die Farbintensitätsmessung erfolgte bei solchen Versuchen an Schichten, die mit einem Mikrotom von dem Papier parallel zu dessen Oberfläche abgetrennt wurde.

Ein Bild der Wasserdampfverteilung bietet die Tränkung des Papiers mit Kobalt-II-Chlorid. Dieser Stoff weist in dem Bereich von Feuchtigkeiten, die mit der Luftfeuchtigkeit von etwa 5 - 60 % im Gleichgewicht stehen, einen Farbübergang von dunkelblau zu hellrosa auf. Eine Eichung von gefärbten Papier über Salzlösungen mit bekanntem Dampfdruck gestattet die zahlenmäßige Auswertung der beobachteten Schichtfärbung. Besonders deutlich wird der Übergang von der zweiten zur dritten Trockenstufe, da im gesamten Bereich der konstanten Oberflächenverdampfung die Rosafärbung ungeändert bleibt und erst beim Rückzug der Verdampfungsfläche ins Innere der Übergang zu blauen Farbtönen einsetzt. Dieses Verfahren ermöglicht auch die laufende Kontrolle an der Papierbahn, wenn ein Kobalt-II-Chlorid-Strich mit einer Ziehfeder aufgetragen den Trocknungsweg begleitet.

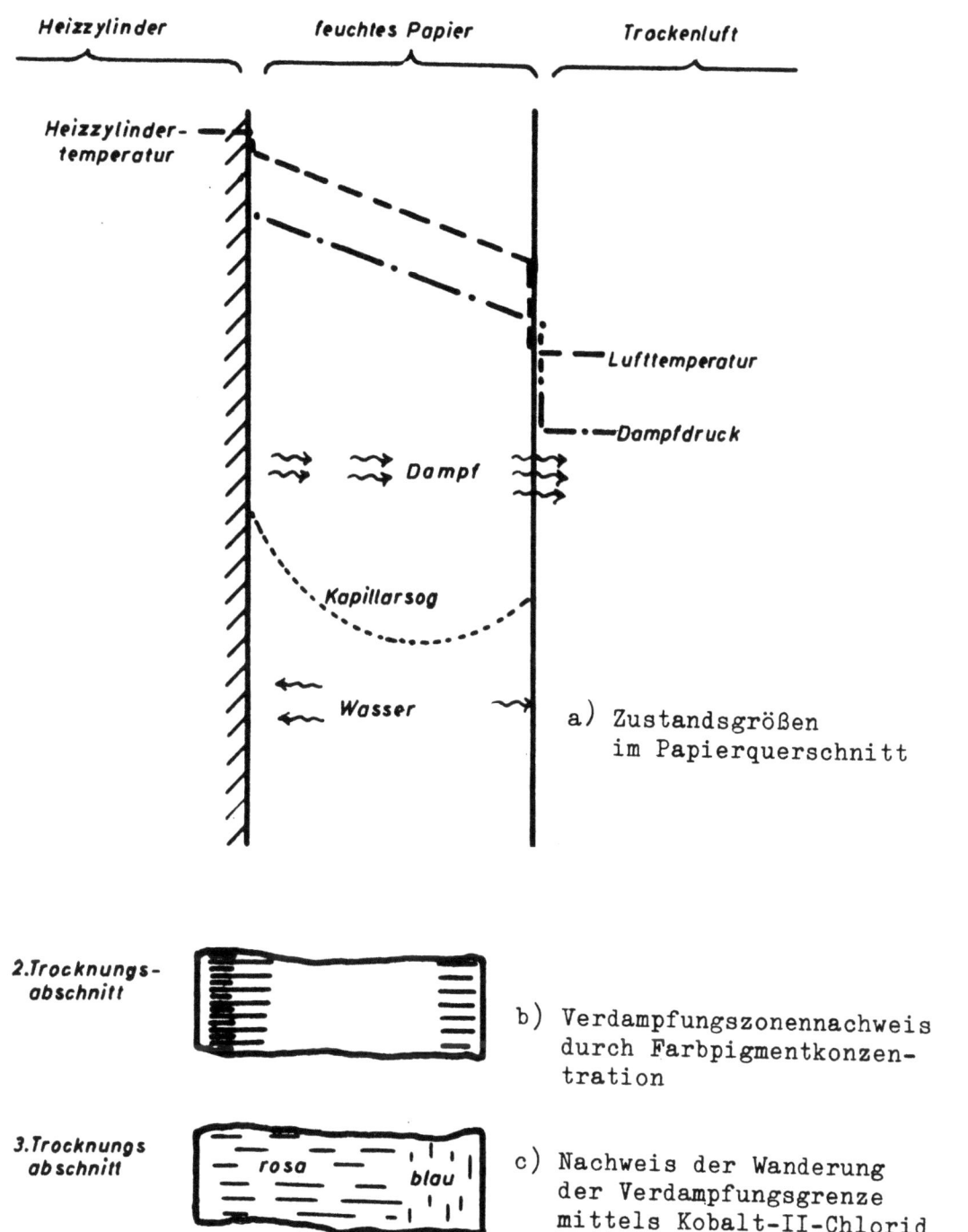

A b i d u n g 10

Trocknungsdiagramm für die Trocknung gleichmäßig feuchten Papiers auf einer Trockentrommel (eine offene und eine geschlossene Oberfläche)

Sollen diese experimentellen Kontrollen nicht zur Betriebssteuerung, sondern zur grundsätzlichen Überprüfung der theoretischen Überlegungen dienen und insbesondere die Vorgänge im Innern des Papiers betreffen, so kann der Farbnachweis an <u>Modellvorrichtungen</u> verfolgt werden. Man legt dazu Fließpapierstreifen, die mit der betreffenden Farblösung getränkt sind, zwischen Glasplatten, um die seitliche Verdampfung zu verhindern und trocknet das herausragende Ende des Probestreifens. Einer offenen Verdampfungsfläche entsprechen freie Probenenden, einer geschlossenen die Abdichtung der Glasstreifen durch wasserdichte Kunststofffolien. Helfen solche Versuche bereits zum Verständnis der einfachen Papiertrocknung, so werden sie fast unerläßlich zur Beherrschung der Schichttrocknung nach dem Auftrag.

VI. Beschichtungstrocknung

Die entscheidenden <u>Unterschiede</u> der Beschichtungstrocknung gegenüber der gewöhnlichen Papiertrocknung sind, wie bereits angedeutet,

1. der Trocknungsbeginn vor Erreichung eines Befeuchtungsgleichgewichts,
2. die Bildung von Sperrschichten während der Trocknung.

Beide Vorgänge können an Hand einfacher Versuche wenigstens ungefähr abgeschätzt werden, wobei der erstere im wesentlichen als Papiereigenschaft, der zweite als Dispersionseigenschaft anzusehen ist. Vorweg sei aber versucht, den Ablauf der Trocknung nach Art des in Abbildung 11 angegebenen Schemas auf die Fragen der Beschichtungstrocknung zu übertragen. Die folgenden Beispiele können nur als Sonderfälle gelten, die das Charakteristische wiedergeben und auf den Einzelfall übertragbar sind. Auf der linken Diagrammhälfte ist jeweils der Trockenvorgang aus dem durchfeuchteten Zustand heraus dargestellt und daneben rechts der Ablauf der "Stoptrocknung", die also kurz nach der Befeuchtung einsetzt.

Als erstes Beispiel ist die Strahlungstrocknung einer einseitigen Beschichtung <u>von der Beschichtungsseite aus</u> gewählt, was ja dem üblichen Fall entspricht. Die Temperatur in der Schicht selbst kann ungefähr als konstant angesetzt werden, die Dünne der Schicht und ihre hohe Wärmeleitfähigkeit sind die Gründe hierfür. Im Rohpapier fällt die Temperatur ab und zwar in dem links dargestellten Fall flach, entsprechend der guten Wärmeleitfähigkeit des feuchten Papiers, rechts dagegen ergibt

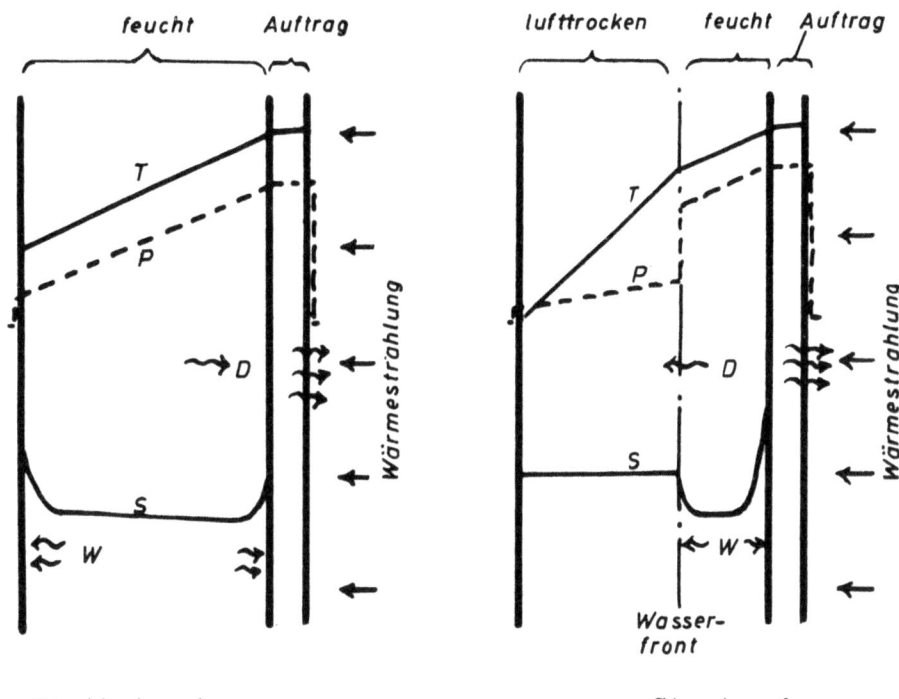

a) Wärmeeinstrahlung von der Schichtseite her

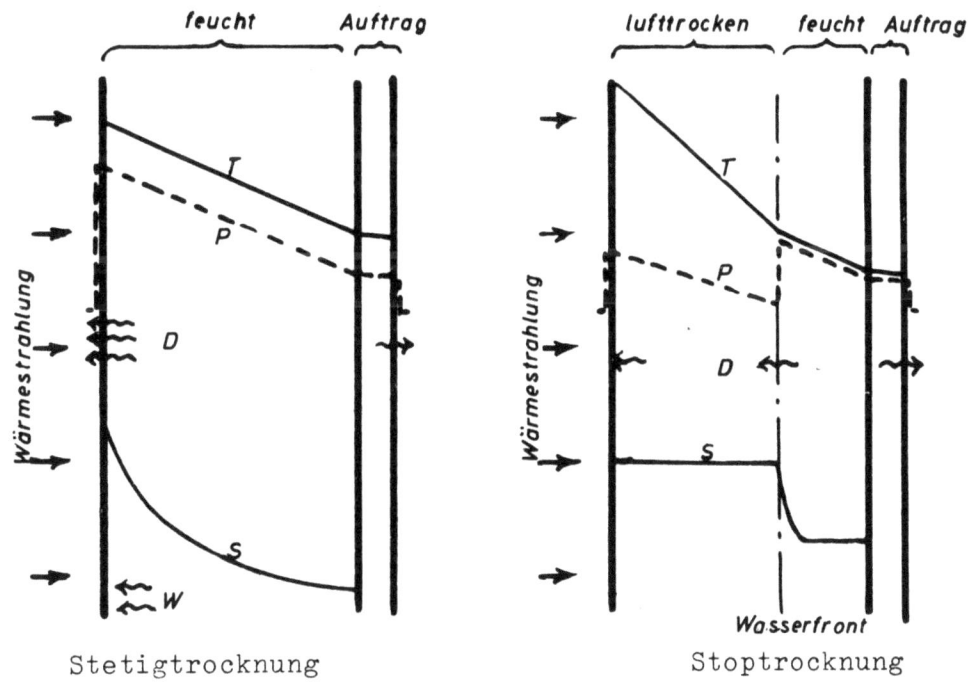

b) Wärmeeinstrahlung von der Rohpapierseite her

Abbildung 11

Trocknungsdiagramme für Beschichtungstrocknung bei offenen Oberflächen

sich ein Kurvenknick an der Wasserfront, wo nach dem flachen Abfall im feuchten Teil ein steiler Abfall im lufttrockenen anschließt. Bei der Skizzierung des Wasserdampfdruckes ist zu berücksichtigen, daß dieser nicht nur von der Temperatur abhängt, sondern auch von der Wasserdampfmenge wenigstens dort, wo kein Kapillarwasser mehr vorhanden ist. Der Verdampfungsvorgang an den Feuchtluftgrenzschichten bewirkt natürlich den stärksten Wasserdampftransport, der im Innern ruhiger in Richtung des abfallenden Dampfdruckes geht. Im Fall der Stoptrocknung ist auch eine innere Verdampfungsfläche vorhanden, ein Gegenstück zu der zurückweichenden Verdampfungsfläche im dritten Trocknungsabschnitt.

Die **Kapillarwasserbewegung** folgt einem Sog nach den Stellen vergleichsweis schwacher Besetzung sowohl der Kapillarräume zwischen den Fasern und in dem Faserlumen als auch auf Adsorptionsflächen auf den Fasern und Füllstoffen. Der Kurvenverlauf im Diagramm gründet sich zunächst nur auf plausibele Annahmen. Die exakte Bestimmung dieser Sogkräfte ist in einer bereits in Angriff genommenen weiteren Untersuchung vorgesehen. Der stärkste Sog ist in der Nachbarscahft der Verdampfungsschichten zu erwarten und zwar größenmäßig entsprechend der Verdampfungsmenge. Bei der Stoptrocknung läßt sich erreichen, daß der zur Oberfläche hin wirkende Sog den ins Innere ziehenden einholt und damit die Wasserfront zum Stillstand kommt und als Abart der üblichen dritten Trocknungsphase in Richtung der verdampfenden Oberflächenfeuchtigkeit zurückgeht.

Strahlt die Wärmeenergie **von der nichtbeschichteten Seite aus** ein, so kann eine weit ins Rohpapier vorgedrungene Feuchtigkeit aus diesem abgezogen werden, ohne daß der aus der Beschichtung entstehende Film durch den Verdampfungsvorgang belastet wird. Allein der geringe Dampfdruckabfall im Papier führt einen kleinen Teil Wasserdampf solange zur Schichtseite, bis der Wassersog nach der angestrahlten Seite auch diesen Rest aufnimmt. Diese Trocknungsanordnung schont die Schichtbildung besonders, solange der Temperaturanstieg nicht an der Grenzfläche Papier-Auftrag einen unzulässig hohen Dampfdruck erzeugt und dieser durch die allmählich undurchlässiger werdende Schicht nicht mehr entweichen kann. Im Beginn der Befeuchtung, so wie die Verhältnisse im rechten Teil der Skizze wiedergegeben sind, ist zwar mit einer Abbremsung der inneren Wasserfront zu rechnen, andererseits kann jedoch die wasserreiche Beschichtung auch an der Oberfläche nur langsam verdampfen, da die Temperatur vergleichsweise niedrig ist und eine zu starke Einstrahlung auf der trockenen Seite die Fasern selbst gefährdet. Bei Temperaturen über 140° C ist mit Verhornung und anderen die Festigkeit und Biegbarkeit schädigenden Veränderungen zu rechnen.

In den beiden besprochenen Fällen ist mit beidseitig offen Oberflächen gerechnet, weil in den heutigen Trocknungsanlagen für Beschichtungen auf Papier dies üblich ist. Andererseits erscheint es gerade als Vorteil der Diagrammdarstellung, auch <u>andere Randbedingungen</u> in Betracht zu ziehen, ohne daß hierzu ein besonderer Geräteaufwand nötig wird. Zu empfehlen ist jedoch, durch Modellversuche an Saugstreifen mit Kobalt-II-Chlorid die theoretischen Überlegungen zu überprüfen und den Übergang zur Reststrocknung zu finden. So wird etwa die Stoptrocknung nach Bestrahlung von der Beschichtungsseite aus wesentlich ungünstiger, wenn erst eine wasserdampfhindernde Kunststoffschicht gebildet ist, d.h. hier die zunächst offene Oberfläche in eine geschlossene verwandelt hat.

Neben der <u>Eindringgeschwindigkeit</u> des Wassers, für die bereits in Tabelle 1 Zahlenwerte mitgeteilt sind, ist die Diffusionsgeschwindigkeit des Wasserdampfes wesentlich. Sie ist proportional dem Dampfdruckgefälle, steigt also bei gleichen Gewichtsprozenten an Wasserdampf mit der Temperatur steil an. Da außerdem mehrere Stoffkennzahlen eine Rolle spielen, die teils mit der geometrischen Gestalt der Hohlräume im Papier zusammenhängen, teils mit den Sorptionsisothermen der Papierbestandteile, ist ein Kurzversuch erwünscht, der alle Einflußgrößen soweit zusammenfaßt, wie es die Theorie der Beschichtungstrocknung erfordert. Zu diesem Zweck kann man ein flaches Stapel aus einigen Bogen des Rohpapiers bilden und dieses fest gegen ein nasses Fließpapier pressen. Nach kurzer Zeit wird das Stapel auseinandergenommen und die Gewichtszunahmen der Einzelblätter bestimmt (Abb. 12). Man erkennt einen mittleren geradlinigen Kurventeil für das Gebiet der Wasserdampfdiffusion, das nach der trockenen Seite zu, an die noch im ursprünglichen Zustand befindlichen Schichten anschließt, nach der nassen Seite zu einen Knick an der vorwandernden Wasserfront zeigt. Als Abschätzung lassen sich die bei etwa 20° C aufgenommenen Werte für höhere Temperaturen umgekehrt proportinal zu den Dampfdrucken auf kürzere Zeiten umrechnen.

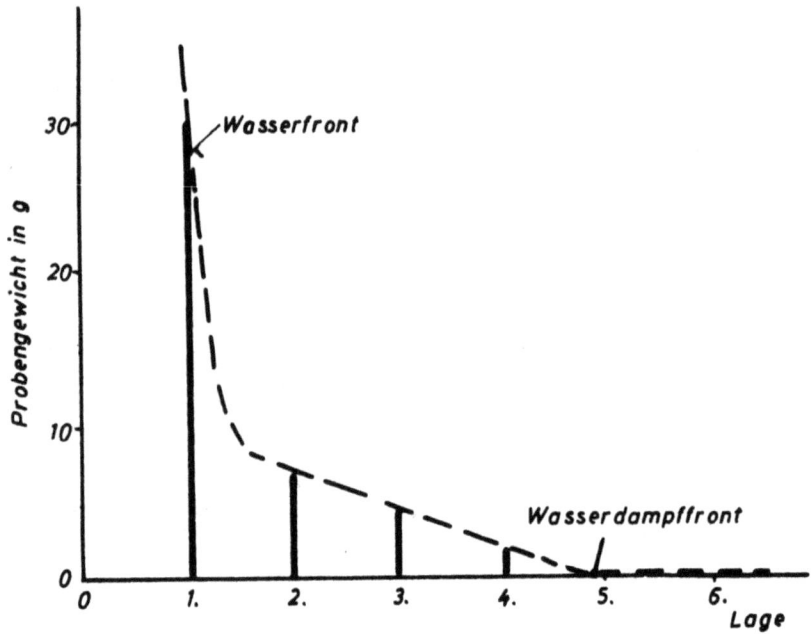

Abbildung 12

Nachweis der Wasser- und Wasserdampfront
in einem Papierstapel

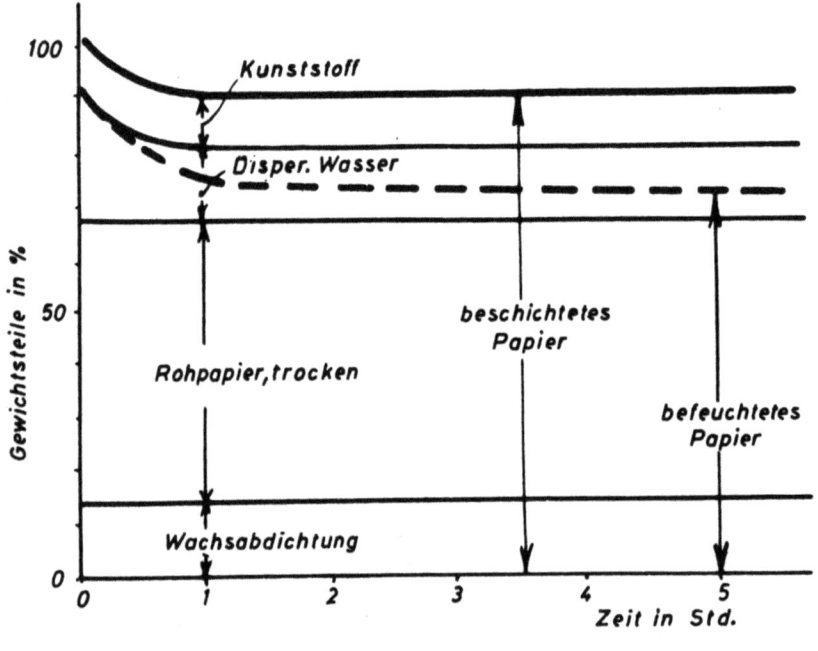

Abbildung 13

Nachweis der Entstehung der Wasserdampfdichtigkeit
einer austrocknenden Kunststoffschicht

Die <u>Sperrwirkung</u> der allmählich zu einem Film sich schließenden Dispersion kann ebenfalls nach einfachem Versuch erkannt werden. Man dichtet 2 gleiche Rohpapier- oder Rohpappenproben auf der einen Fläche und an den Schnittkanten mit Wachs ab und trägt auf die eine Probe die Dispersion möglichst gleichmäßig auf. Die Vergleichsprobe wird mit soviel Wasser besprüht, wie der aufgetragene Kunststoff Dispersionswasser hatte. Danach bestimmt man den Gewichtsverlust beider Proben unter konstanten Bedingungen z.B. in $20^\circ C$, 65 % rel. Luftfeuchtigkeit bei 2 m/sek. Luftumwälzung. Die Ergebniskurven (Abb. 13) zeigen zunächst eine ähnlich schnelle Verdampfung. Gleich nach dem Ausfällen der Dispersion verringert sich aber die Wasserabgabe der beschichteten Probe. Schließlich kommt sie entsprechend der Dichtigkeit des getrockneten Films fast zum Stehen.

Über <u>Grenzen der Trocknungsgeschwindigkeit</u> sollen Versuche angestellt werden, die

        1. Porenbildung der Schicht

        2. Überhitzung der Schicht

        3. Blasenbildung zwischen Schicht und Rohpapier

zum Gegenstand haben. Da die Porenbildung auch sehr fein sein kann, wird man sie kaum unmittelbar bemerken. Es hat sich allgemein eingeführt, den Durchschlag eines alkohollöslichen Farbstoffs, der nachträglich auf die Schichtseite gestrichen wird, in das Rohpapier, das den Farbstoff dann in einem auslaufenden Fleck aufnimmt, als ausreichendes Kriterium zu nehmen. Notfalls sind Luft- oder Wasserdampfdichtigkeitsmessungen anzufügen. Für die Überhitzung der Schicht kann aus in Abbildung 3b gezeigtem Fluoreszenzbild bereits vor Beginn eine unmittelbar sichtbare Bräunung erkannt werden. Das letzte Urteil bietet jedoch auch hier die Gebrauchsprüfung z.B. nach Kniffbeanspruchung. Die Blasenbildung schließlich ist nicht nur ein sehr häufiger Mangel, sondern vielfach schwer erkennbar. Sie tritt deutlicher hervor, wenn die Probe nachträglich von der Rohpapierseite aus befeuchtet wird. Dabei quillt das Papier und vergrößert die Blasenwölbung. Außerdem können schwache Haftkräfte zwischen Film und Papier durch Wasseraufnahme der Grenzfasern sogar aufgehoben werden, d.h., Blasen entstehen, die bei dem frisch beschichteten Material nicht vorhanden waren, im Gebrauch aber früher oder später entstanden wären.

VII. Filmbildung

Das <u>Ausfällen einer Dispersion</u> kann bereits im Reagenzglas beobachtet werden, wenn die dispergierenden Kräfte, die das Kolloid von sich aus oder mit Hilfe von Emulgatoren aufbringt, den kontraktiven Massenkräften nicht mehr überlegen sind. Je nach Temperatur (Wärmebewegung) und Zusatz von Stabilisatoren (Erhöhung der Zähigkeit) kann der Dispersionscharakter schneller oder langsamer verloren gehen. Ehe es zum endgültigen Ausfällen gekommen ist, können verfahrenstechnische Hilfsmittel wie Sieben, Mahlen u.a. den Dispersionsgrad auch wieder erhöhen. Je höher die Konzentration wird, um so näher rückt der Umwandlungspunkt. Außerdem kann die Wirkung der dispergierenden Kräfte durch Erniedrigung des p_H-Wertes des Dispersionswassers soweit herabgesetzt werden, daß in kurzer Zeit die Kolloide ausflocken.

Wenn eine Kunststoffdispersion auf Papier aufgetragen wird, so tritt eine rasche <u>Konzentrationserhöhung</u> in der Schicht durch das Wegschlagen des Dispersionswassers ein. Der Ansatzpunkt der sich vereinigenden Kolloide sollen möglichst die Fasern sein. Im allgemeinen wird dies auch der Fall sein, schon weil das Papier einen niedrigeren p_H-Wert als die Dispersion hat. Immerhin kann eine Störung des kolloidalen Gefüges schon in der Flüssigkeit eintreten, ohne daß dies grob erkennbar ist, weil die entstehenden Flocken nicht mehr die Möglichkeit haben, ihren Platz auf der Papierfläche zu ändern. Die Gebrauchseigenschaften eines solchen nicht mehr kolloidal entstandenen Filmes sind ausnahmslos schlechter als der kolloidal von den Fasern aus gewachsene.

Auch <u>Alterungserscheinungen</u> an den in Vorratsgefäßen gelagerten Dispersionen wirken sich entsprechend aus. Die von den Herstellern gewährten Garantiezeiten sind oft kürzer als sie vom Veredlungsbetrieb eingehalten werden können. Hinzu kommt der schädigende Einfluß von zu kalter Lagerung. Um solche gealterten Dispersionen vor dem Auftrag und der Trocknung zu erkennen und Beanstandungen nicht fälschlicherweise dem Veredlungsvorgang zuzuschreiben, empfiehlt sich die Prüfung jedes neuangebrochenen Behälters mit Veredlungsmitteln. Es bewährt sich dazu als einfachste Probe der Auftrag der Dispersion mit einem Handlineal auf schwarzem Papier (Abb. 14). Fehlerfreie Dispersionen bilden einen klardurchsichtigen Film, während vorkoagulierte einen milchigen Belag er-

Forschungsberichte des Wirtschafts- und Verkehrsministeriums Nordrhein-Westfalen

a) Versuchsstrich auf mattem, schwarzen Papier mit
frischer Kunststoff-Dispersion

b) Versuchsstrich auf mattem, schwarzem Papier mit
gealteter Kunststoff-Dispersion

A b b i l d u n g 14

Unterscheidbarkeit von frischen und gealterten Kunst-
stoff-Dispersionen nach dem Aussehen luftgetrockneter Versuchsstriche

zeugen. Je nach der Auftragsstärke sind auch weitere Unterschiede in bezug auf Schollenbildung, Runzeloberflächen, punktartige Stoffkonzentrationen u.a. zu beobachten.

Die hier genannten Beobachtungen können nur als technische Hinweise auf Probleme gelten, deren wissenschaftliche Bearbeitung noch fortgesetzt werden muß. Da die Strahlungstrocknung und erst recht die HF-Trocknung auf bestimmter Tiefe eingestellt werden kann, ist der Grundgedanke der vorliegenden Arbeit, den richtigen Ablauf der Trocknung im Bahnquerschnitt zu finden, verfeinert innerhalb der Aufbaustufen des Kunststoff-

Films fortsetzbar. Gewisse Ansatzpunkte wurden bereits bei Versuchen gefunden, das Rohpapier nicht nur durch Klimatisierung für die Beschichtung vorzubereiten, sondern auch mit Benetzungsmitteln, p_H-Wert beeinflussenden Flüssigkeiten u.a. die Papierbahn kurz vor dem Auftrag zu präparieren.

VIII. Technische Anwendung

Nach dem derzeitigen Stand können die Trocknungsgeräte den besonderen Erfordernissen der Beschichtungstrocknung genau angepaßt werden; man berücksichtigt in der Planung der Beschichtungsanlage die Ordnungsansprüche der Trocknungsvorrichtungen, erstrebt das zweckmäßigste Wärmeprogramm für die durchlaufende Bahn einschließlich des Verlaufs von Abrollung bis Auftragswerk und muß schließlich für eine wirksame Regelung sorgen. Hiermit kann man an die Grenze der kürzesten Trockenzeit kommen, ohne die Qualität des Schichtstoffes zu verschlechtern.

Die konstruktive Ausbildung der Trockenvorrichtungen kann sich bereits heute auf gut durchgebildete Bauelemente stützen. Daß diese sehr schlecht ausgenutzt werden, folgt aus unreichend klarem Arbeitsziel und schlechter Meßtechnik. Beispielsweise wird die Regelung von Infrarotstrahlern oft durch reine Abstandsänderung bewirkt, obwohl dadurch am Bahnrand das Temperaturprogramm in anderer Weise geändert wird als in der Bahnmitte. Andererseits besitzen auch gut eingerichtete Trockenkanäle oft nur Stabthermometer, die an sich schon in dem kombinierten Strahlungsfeld und Heißluftstrom unzweckmäßig sind und an Stellen montiert sind, die für die Bahntemperatur unerheblich sind.

Die Gesamtanordnung der Beschichtungsanlage wird ihre bisherige Trennung in Auftrags-, Trocken- und Kühlteil aufgeben müssen. Der Beschichtungsvorgang ist seinem Wesen nach ein organisches Ganzes, dessen Teile nach den in der Bahn zu beherrschenden Vorgänge anzuordnen sind. Da verschiedene Rohpapiersorten und Kunststoffarten, ganz zu schweigen von mehrschichtigen Veredlungen, verschieden behandelt werden müssen, ergibt sich als Maschinenanforderung, den Anbauraum für leicht umzusetzende Bauelemente freizulassen. Für wässerige Dispersionen stört dabei kaum eine Rücksichtnahme auf Sicherheitsvorschriften, die bei der Lakierung mit organischen Lösungsmitteln streng zu beachten sind.

Der Kern aller Entwicklungsarbeit ist die Planung und Einhaltung des s zweckmäßigsten <u>Wärmeprogramms</u>. Wie aus den Beispielen (Abb. 11) für Trocknungsdiagramme folgt, ist keineswegs die gleiche Trocknungsart für alle Trocknungsstufen anzuwenden, sondern mit fortschreitender Behandlung zwischen Ober- und Unterstrahlern, mit der Strahlertemperatur, Luftmenge und Luftwärme usw. zu wechseln. Es gibt auch Fälle, in denen eine Zwischenkühlung ein Temperaturgefälle einbringt, an das eine zweite Wärmebehandlung besser anschließt, als es in einem Trockenprozeß möglich wäre.

Ohne Zweifel sind wir heute von einer ausreichenden <u>Regelung</u> der Trocknungselemente noch am weitesten entfernt. Selbst wenn die notwendige Meßtechnik erprobt ist, wobei keine grundsätzlichen Schwierigkeiten zu erwarten sind, fehlt es an wirtschaftlich regelbaren Wärmeerzeugern. So kann es nicht wunder nehmen, daß zwar verhältnismäßig leicht die verschiedensten Beschichtungsmuster herzustellen sind, recht selten aber Produkte angeboten werden können, die auf der ganzen Fläche gleichmäßig gut beschichtet sind.

Die Lieferungsqualität muß ja auch solche Eigenschaften umfassen, die nicht unmittelbar beim Beschichten bemerkbar werden, sondern erst im Lauf des Gebrauches Wertschwankungen nach sich führen können. Die Berücksichtigung dieser Folgeerscheinungen der Beschichtungstrocknung ist nur durch sicher beherrschte Arbeitsbedingungen möglich. Wenn beispielsweise Schrumpfen oder Einrollen, Schichterweichung oder Glanzverlust, Ablösen oder Opakwerden beanstandet wird, so ist im Einzelfall die Ursache auffindbar; die technische Lösung ist aber erreicht, wenn die hiernach geforderten Veredlungsregeln gleichmäßig eingehalten werden können.

Die Vereinigung des Faserstoffs Papier und des kolloidal gebildeten Kunststoffs bietet aller Voraussicht nach einmalige Vorteile. Rückschläge in der hier begonnenen Entwicklung können durch die wissenschaftliche Einsicht in das technologische Ziel vermieden werden. Das Teilproblem der Schichttrocknung steht dabei an erster Stelle.

Dr.-Ing. habil. Hans KLINGELHÖFFER

Literaturverzeichnis

[1] OHL, F. — Imprägnieren von Papier und Pappe
Wiesbaden (1954)

[2] SCHOCH, W. — Beschichtete Papiere und Pappen
Wiesbaden (1957)

[3] MOSHER, R.H. — The technology of coated and processed papers
New York (1950)

[4] Firmendruckschrift Friesecke & Höpfner Erlangen — Papierdickenmeßgerät mit Zählrohr

[5] KLINGELHÖFFER, H. — Chromatographische Untersuchung des Verklebungsvorganges bei Papieren
Z. angew. Phys. $\underline{8}$, 171 ... 175 (H.4, 1956)

[6] CARSWELL, Ch. — Combination radiant heat and hot air discharge for drying coatings and printing
TAPPI $\underline{39}$, 191 A (No.1, 1956)

HÜLTGREEN, O. — New drying method is developed Paper, Film and Foil Converter $\underline{29}$, 28...30, 45 (No.9, 1955)

Firmendruckschrift Ellstein, Northeim — Infrarot-Bauelemente

[7] DRESHFIELD, A.C. jr. and S.T. HAN — The drying of paper Tappi 39, 449...455 (No.7, 1956)

MACK, H. — Klimatechnik in der Papierwirtschaft
Wiesbaden (1956)

[8] HAAS, H. — Melliand Textilber. $\underline{34}$, 67 und 139 (No. 1 und 2) (1953)

FORSCHUNGSBERICHTE DES WIRTSCHAFTS- UND VERKEHRSMINISTERIUMS NORDRHEIN-WESTFALEN

Herausgegeben von Staatssekretär Prof. Dr. h. c. Leo Brandt

HEFT 1
Prof. Dr.-Ing. E. Flegler, Aachen
Untersuchungen oxydischer Ferromagnet-Werkstoffe
1952, 20 Seiten, DM 6,75

HEFT 2
Prof. Dr. W. Fuchs, Aachen
Untersuchungen über absatzfreie Teeröle
1952, 32 Seiten, 5 Abb., 6 Tabellen, DM 10,—

HEFT 3
Techn.-Wissenschaftl. Büro für die Bastfaserindustrie, Bielefeld
Untersuchungsarbeiten zur Verbesserung des Leinenwebstuhls
1952, 44 Seiten, 7 Abb., 3 Tabellen, DM 12,50

HEFT 4
Prof. Dr. E. A. Müller und Dipl.-Ing. H. Spitzer, Dortmund
Untersuchungen über die Hitzebelastung in Hüttenbetrieben
1952, 28 Seiten, 5 Abb., 1 Tabelle, DM 9,—

HEFT 5
Dipl.-Ing. W. Fister, Aachen
Prüfstand der Turbinenuntersuchungen
1952, 40 Seiten, 30 Abb., 3 Schaltbilder, DM 1,—

HEFT 6
Prof. Dr. W. Fuchs, Aachen
Untersuchungen über die Zusammensetzung und Verwendbarkeit von Schwelteerfraktionen
1952, 36 Seiten, DM 10,50

HEFT 7
Prof. Dr. W. Fuchs, Aachen
Untersuchungen über emsländisches Petrolatum
1952, 36 Seiten, 1 Abb., 17 Tabellen, DM 10,50

HEFT 8
M. E. Meffert und H. Stratmann, Essen
Algen-Großkulturen im Sommer 1951
1953, 52 Seiten, 4 Abb., 20 Tabellen, DM 9,75

HEFT 9
Techn.-Wissenschaftl. Büro für die Bastfaserindustrie, Bielefeld
Untersuchungen über die zweckmäßige Wicklungsart von Leinengarnkreuzspulen unter Berücksichtigung der Anwendung hoher Geschwindigkeiten des Garnes
Vorversuche für Zetteln und Schären von Leinengarnen auf Hochleistungsmaschinen
1952, 48 Seiten, 7 Abb., 7 Tabellen, DM 9,25

HEFT 10
Prof. Dr. W. Vogel, Köln
„Das Streifenpaar" als neues System zur mechanischen Vergrößerung kleiner Verschiebungen und seine technischen Anwendungsmöglichkeiten
1953, 20 Seiten, 6 Abb., DM 4,50

HEFT 11
Laboratorium für Werkzeugmaschinen und Betriebslehre, Technische Hochschule Aachen
1. Untersuchungen über Metallbearbeitung im Fräsvorgang mit Hartmetallwerkzeugen und negativem Spanwinkel
2. Weiterentwicklung des Schleifverfahrens für die Herstellung von Präzisionswerkstücken unter Vermeidung hoher Temperaturen
3. Untersuchung von Oberflächenveredlungsverfahren zur Steigerung der Belastbarkeit hochbeanspruchter Bauteile
1953, 80 Seiten, 61 Abb., DM 15,75

HEFT 12
Elektrowärme-Institut, Langenberg (Rhld.)
Induktive Erwärmung mit Netzfrequenz
1952, 22 Seiten, 6 Abb., DM 5,20

HEFT 13
Techn.-Wissenschaftl. Büro für die Bastfaserindustrie, Bielefeld
Das Naßspinnen von Bastfasergarnen mit chemischen Zusätzen zum Spinnbad
1953, 52 Seiten, 4 Abb., 19 Tabellen, DM 10,—

HEFT 14
Forschungsstelle für Acetylen, Dortmund
Untersuchungen über Aceton als Lösungsmittel für Acetylen
1952, 64 Seiten, 10 Abb., 26 Tabellen, DM 12,25

HEFT 15
Wäschereiforschung Krefeld
Trocknen von Wäschestoffen
1953, 48 Seiten, 14 Abb., 2 Tabellen, DM 9,—

HEFT 16
Max-Planck-Institut für Kohlenforschung, Mülheim a. d. Ruhr
Arbeiten des MPI für Kohlenforschung
1953, 104 Seiten, 9 Abb., DM 17,80

HEFT 17
Ingenieurbüro Herbert Stein, M.-Gladbach
Untersuchung der Verzugsvorgänge in den Streckwerken verschiedener Spinnereimaschinen. 1. Bericht: Vergleichende Prüfung mit verschiedenen Dickenmeßgeräten
1952, 36 Seiten, 15 Abb., DM 8,—

HEFT 18
Wäschereiforschung Krefeld
Grundlagen zur Erfassung der chemischen Schädigung beim Waschen
1953, 68 Seiten, 15 Abb., 15 Tabellen, DM 12,75

HEFT 19
Techn.-Wissenschaftl. Büro für die Bastfaserindustrie, Bielefeld
Die Auswirkung des Schlichtens von Leinengarnketten auf den Verarbeitungswirkungsgrad, sowie die Festigkeit und Dehnungsverhältnisse der Garne und Gewebe
1953, 48 Seiten, 1 Abb., 9 Tabellen, DM 9,—

HEFT 20
Techn.-Wissenschaftl. Büro für die Bastfaserindustrie, Bielefeld
Trocknung von Leinengarnen I
Vorgang und Einwirkung auf die Garnqualität
1953, 62 Seiten, 18 Abb., 5 Tabellen, DM 12,—

HEFT 21
Techn.-Wissenschaftl. Büro für die Bastfaserindustrie, Bielefeld
Trocknung von Leinengarnen II
Spulenanordnung und Luftführung beim Trocknen von Kreuzspulen
1953, 66 Seiten, 22 Abb., 9 Tabellen, DM 13,—

HEFT 22
Techn.-Wissenschaftl. Büro für die Bastfaserindustrie, Bielefeld
Die Reparaturanfälligkeit von Webstühlen
1953, 28 Seiten, 7 Abb., 5 Tabellen, DM 5,80

HEFT 23
Institut für Starkstromtechnik, Aachen
Rechnerische und experimentelle Untersuchungen zur Kenntnis der Metadyne als Umformer von konstanter Spannung auf konstanten Strom
1953, 52 Seiten, 20 Abb., 4 Tafeln, DM 9,75

HEFT 24
Institut für Starkstromtechnik, Aachen
Vergleich verschiedener Generator-Metadyne-Schaltungen in bezug auf statisches Verhalten
1952, 44 Seiten, 23 Abb., DM 8,50

HEFT 25
Gesellschaft für Kohlentechnik mbH., Dortmund-Eving
Struktur der Steinkohlen und Steinkohlen-Kokse
1953, 58 Seiten, DM 11,—

HEFT 26
Techn.-Wissenschaftl. Büro für die Bastfaserindustrie, Bielefeld
Vergleichende Untersuchungen zweier neuzeitlicher Ungleichmäßigkeitsprüfer für Bänder und Garne hinsichtlich ihrer Eignung für die Bastfaserspinnerei
1953, 64 Seiten, 30 Abb., DM 12,50

HEFT 27
Prof. Dr. E. Schratz, Münster
Untersuchungen zur Rentabilität des Arzneipflanzenanbaues Römische Kamille, Anthemis nobilis L.
1953, 16 Seiten, 1 Tabelle, DM 3,60

HEFT 28
Prof. Dr. E. Schratz, Münster
Calendula officinalis L. Studien zur Ernährung, Blütenfüllung und Rentabilität der Drogengewinnung
1953, 24 Seiten, 2 Abb., 3 Tabellen, DM 5,20

HEFT 29
Techn.-Wissenschaftl. Büro für die Bastfaserindustrie, Bielefeld
Die Ausnützung der Leinengarne in Geweben
1953, 100 Seiten, 14 Abb., 10 Tabellen, DM 17,80

HEFT 30
Gesellschaft für Kohlentechnik mbH., Dortmund-Eving
Kombinierte Entaschung und Verschwelung von Steinkohle; Aufarbeitung von Steinkohlenschlämmen zu verkokbarer oder verschwelbarer Kohle
1953, 56 Seiten, 16 Abb., 10 Tabellen, DM 10,50

HEFT 31
Dipl.-Ing. A. Stormanns, Essen
Messung des Leistungsbedarfs von Doppelsteg-Kettenförderern
1954, 54 Seiten, 18 Abb., 3 Anlagen, DM 11,—

HEFT 32
Techn.-Wissenschaftl. Büro für die Bastfaserindustrie, Bielefeld
Der Einfluß der Natriumchloridbleiche auf Qualität und Verwebbarkeit von Leinengarnen und die Eigenschaften der Leinengewebe unter besonderer Berücksichtigung des Einsatzes von Schützen- und Spulenwechselautomaten in der Leinenweberei
1953, 64 Seiten, 2 Abb., 12 Tabellen, DM 11,50

HEFT 33
Kohlenstoffbiologische Forschungsstation e. V.
Eine Methode zur Bestimmung von Schwefeldioxyd und Schwefelwasserstoff in Rauchgasen und in der Atmosphäre
1953, 32 Seiten, 8 Abb., 3 Tabellen, DM 6,50

HEFT 34
Textilforschungsanstalt Krefeld
Quellungs- und Entquellungsvorgänge bei Faserstoffen
1953, 52 Seiten, 13 Abb., 13 Tabellen, DM 9,80

WESTDEUTSCHER VERLAG · KÖLN UND OPLADEN

HEFT 35
Professor Dr. W. Kast, Krefeld
Feinstrukturuntersuchungen an künstlichen Zellulosefasern verschiedener Herstellungsverfahren. Teil I: Der Orientierungszustand
1953, 74 Seiten, 30 Abb., 7 Tabellen, DM 13,80

HEFT 36
Forschungsinstitut der feuerfesten Industrie, Bonn
Untersuchungen über die Trocknung von Rohton
Untersuchungen über die chemische Reinigung von Silika- und Schamotte-Rohstoffen mit chlorhaltigen Gasen
1953, 60 Seiten, 5 Abb., 5 Tabellen, DM 11,—

HEFT 37
Forschungsinstitut der feuerfesten Industrie, Bonn
Untersuchungen über den Einfluß der Probenvorbereitung auf die Kaltdruckfestigkeit feuerfester Steine
1953, 40 Seiten, 2 Abb., 5 Tabellen, DM 7,80

HEFT 38
Forschungsstelle für Acetylen, Dortmund
Untersuchungen über die Trocknung von Acetylen zur Herstellung von Dissousgas
1953, 36 Seiten, 11 Abb., 3 Tabellen, DM 6,80

HEFT 39
Forschungsgesellschaft Blechverarbeitung e. V., Düsseldorf
Untersuchungen an prägegemusterten und vorgelochten Blechen
1953, 46 Seiten, 34 Abb., DM 9,50

HEFT 40
Landesgeologe Dr.-Ing. W. Wolff,
Amt für Bodenforschung, Krefeld
Untersuchungen über die Anwendbarkeit geophysikalischer Verfahren zur Untersuchung von Spateisengängen im Siegerland
1953, 46 Seiten, 8 Abb., DM 8,80

HEFT 41
Techn.-Wissenschaftl. Büro für die Bastfaserindustrie, Bielefeld
Untersuchungsarbeiten zur Verbesserung des Leinenwebstuhles II
1953, 40 Seiten, 4 Abb., 5 Tabellen, DM 7,80

HEFT 42
Professor Dr. B. Helferich, Bonn
Untersuchungen über Wirkstoffe — Fermente — in der Kartoffel und die Möglichkeit ihrer Verwendung
1953, 58 Seiten, 9 Abb., DM 11,—

HEFT 43
Forschungsgesellschaft Blechverarbeitung e. V., Düsseldorf
Forschungsergebnisse über das Beizen von Blechen
1953, 48 Seiten, 38 Abb., 2 Tabellen, DM 11,30

HEFT 44
Arbeitsgemeinschaft für praktische Dehnungsmessung, Düsseldorf
Eigenschaften und Anwendungen von Dehnungsmeßstreifen
1953, 68 Seiten, 43 Abb., 2 Tabellen, DM 13,70

HEFT 45
Losenhausenwerk Düsseldorfer Maschinenbau AG., Düsseldorf
Untersuchungen von störenden Einflüssen auf die Lastgrenzenanzeige von Dauerschwingprüfmaschinen
1953, 36 Seiten, 11 Abb., 3 Tabellen, DM 7,25

HEFT 46
Prof. Dr. W. Fuchs, Aachen
Untersuchungen über die Aufbereitung von Wasser für die Dampferzeugung in Benson-Kesseln
1953, 58 Seiten, 18 Abb., 9 Tabellen, DM 11,20

HEFT 47
Prof. Dr.-Ing. K. Krekeler, Aachen
Versuche über die Anwendung der induktiven Erwärmung zum Sintern von hochschmelzenden Metallen sowie zur Anlegierung und Vergütung von aufgespritzten Metallschichten mit dem Grundwerkstoff
1954, 66 Seiten, 39 Abb., DM 13,90

HEFT 48
Max-Planck-Institut für Eisenforschung, Düsseldorf
Spektrochemische Analyse der Gefügebestandteile in Stählen nach ihrer Isolierung
1953, 38 Seiten, 8 Abb., 5 Tabellen, DM 7,80

HEFT 49
Max-Planck-Institut für Eisenforschung, Düsseldorf
Untersuchungen über Ablauf der Desoxydation und die Bildung von Einschlüssen in Stählen
1953, 52 Seiten, 19 Abb., 3 Tabellen, DM 12,40

HEFT 50
Max-Planck-Institut für Eisenforschung, Düsseldorf
Flammenspektralanalytische Untersuchung der Ferritzusammensetzung in Stählen
1953, 44 Seiten, 15 Abb., 4 Tabellen, DM 8,60

HEFT 51
Verein zur Förderung von Forschungs- und Entwicklungsarbeiten in der Werkzeugindustrie e. V., Remscheid
Untersuchungen an Kreissägeblättern für Holz, Fehler- und Spannungsprüfverfahren
1953, 50 Seiten, 23 Abb., DM 10,—

HEFT 52
Forschungsstelle für Acetylen, Dortmund
Untersuchungen über den Umsatz bei der explosiblen Zersetzung von Azetylen
a) Zersetzung von gasförmigem Azetylen
b) Zersetzung von an Silikagel absorbiertem Azetylen
1954, 48 Seiten, 8 Abb., 10 Tabellen, DM 9,25

HEFT 53
Professor Dr.-Ing. H. Opitz, Aachen
Reibwert und Verschleißmessungen an Kunststoffgleitführungen für Werkzeugmaschinen
1954, 38 Seiten, 18 Abb., DM 8,20

HEFT 54
Professor Dr.-Ing. F. A. F. Schmidt, Aachen
Schaffung von Grundlagen für die Erhöhung der spez. Leistung und Herabsetzung des spez. Brennstoffverbrauches bei Ottomotoren mit Teilbericht über Arbeiten an einem neuen Einspritzverfahren
1954, 34 Seiten, 15 Abb., DM 7,40

HEFT 55
Forschungsgesellschaft Blechverarbeitung e. V., Düsseldorf
Chemisches Glänzen von Messing und Neusilber
1954, 50 Seiten, 21 Abb., 1 Tabelle, DM 10,20

HEFT 56
Forschungsgesellschaft Blechverarbeitung e. V., Düsseldorf
Untersuchungen über einige Probleme der Behandlung von Blechoberflächen
1954, 52 Seiten, 42 Abb., DM 11,20

HEFT 57
Prof. Dr.-Ing. F. A. F. Schmidt, Aachen
Untersuchungen zur Erforschung des Einflusses des chemischen Aufbaues des Kraftstoffes auf sein Verhalten im Motor und in Brennkammern von Gasturbinen
1954, 70 Seiten, 32 Abb., DM 14,60

HEFT 58
Gesellschaft für Kohlentechnik mbH., Dortmund
Herstellung und Untersuchung von Steinkohlenschweltee
1954, 74 Seiten, 9 Abb., 9 Tabellen, DM 13,75

HEFT 59
Forschungsinstitut der Feuerfest-Industrie. e. V., Bonn
Ein Schnellanalysenverfahren zur Bestimmung von Aluminiumoxyd, Eisenoxyd und Titanoxyd in feuerfestem Material mittels organischer Farbreagenzien auf photometrischem Wege
Untersuchungen des Alkali-Gehaltes feuerfester Stoffe mit dem Flammenphotometer nach Riehm-Lange
1954, 62 Seiten, 12 Abb., 3 Tabellen, DM 11,60

HEFT 60
Forschungsgesellschaft Blechverarbeitung e. V., Düsseldorf
Untersuchungen über das Spritzlackieren im elektrostatischen Hochspannungsfeld
1954, 82 Seiten, 53 Abb., 7 Tabellen, DM 17,—

HEFT 61
Verein zur Förderung von Forschungs- und Entwicklungsarbeiten in der Werkzeugindustrie e. V., Remscheid
Schwingungs- und Arbeitsverhalten von Kreissägeblättern für Holz
1954, 54 Seiten, 31 Abb., DM 11,40

HEFT 62
Professor Dr. W. Franz, Institut für theoretische Physik der Universität Münster
Berechnung des elektrischen Durchschlags durch feste und flüssige Isolatoren
1954, 36 Seiten, DM 7,—

HEFT 63
Textilforschungsanstalt Krefeld
Neue Methoden zur Untersuchung der Wirkungsweise von Textilhilfsmitteln
Untersuchungen über Schlichtungs- und Entschlichtungsvorgänge
1954, 34 Seiten, 1 Abb., 5 Tabellen, DM 6,80

HEFT 64
Textilforschungsanstalt Krefeld
Die Kettenlängenverteilung von hochpolymeren Faserstoffen
Über die fraktionierte Fällung von Polyamiden
1954, 44 Seiten, 13 Abb., 3 Tabellen, DM 8,60

HEFT 65
Fachverband Schneidwarenindustrie, Solingen
Untersuchungen über das elektrolytische Polieren von Tafelmesserklingen aus rostfreiem Stahl
1954, 90 Seiten, 38 Abb., 9 Tabellen, DM 17,35

HEFT 66
Dr.-Ing. P. Füsgen VDI †, Düsseldorf
Untersuchungen über das Auftreten des Ratterns bei selbsthemmenden Schneckengetrieben und seine Verhütung
1954, 32 Seiten, 5 Abb., DM 6,60

HEFT 67
Heinrich Wösthoff o. H. G., Apparatebau, Bochum
Entwicklung einer chemisch-physikalischen Apparatur zur Bestimmung kleinster Kohlenoxyd-Konzentrationen
1954, 94 Seiten, 48 Abb., 2 Tabellen, DM 18,25

HEFT 68
Kohlenstoffbiologische Forschungsstation e. V., Essen
Algengroßkulturen im Sommer 1952
II. Über die unsterile Großkultur von Scenedesmus obliquus
1954, 62 Seiten, 3 Abb., 29 Tabellen, DM 11,40

HEFT 69
Wäschereiforschung Krefeld
Bestimmung des Faserabbaues bei Leinen unter besonderer Berücksichtigung der Leinengarnbleiche
1954, 48 Seiten, 15 Abb., 3 Tabellen, DM 9,60

HEFT 70
Wäschereiforschung Krefeld
Trocknen von Wäschestoffen
1954, 52 Seiten, 18 Abb., 3 Tabellen, DM 10,—

HEFT 71
Prof. Dr.-Ing. K. Leist, Aachen
Kleingasturbinen, insbesondere zum Fahrzeugantrieb
1954, 114 Seiten, 85 Abb., DM 22,—

HEFT 72
Prof. Dr.-Ing. K. Leist, Aachen
Beitrag zur Untersuchung von stehenden geraden Turbinengittern mit Hilfe von Druckverteilungsmessungen
1954, 152 Seiten, 111 Abb., DM 36,20

HEFT 73
Prof. Dr.-Ing. K. Leist, Aachen
Spannungsoptische Untersuchungen von Turbinenschaufelfüßen
1954, 66 Seiten, 46 Abb., 2 Tabellen, DM 14,60

HEFT 74
Max-Planck-Institut für Eisenforschung, Düsseldorf
Versuche zur Klärung des Umwandlungsverhaltens eines sonderkarbidbildenden Chromstahls
1954, 58 Seiten, 10 Abb., DM 14,—

HEFT 75
Max-Planck-Institut für Eisenforschung, Düsseldorf
Zeit-Temperatur-Umwandlungs-Schaubilder als Grundlage der Wärmebehandlung der Stähle
1954, 44 Seiten, 13 Abb., DM 8,70

HEFT 76
Max-Planck-Institut für Arbeitsphysiologie, Dortmund
Arbeitstechnische und arbeitsphysiologische Rationalisierung von Mauersteinen
1954, 52 Seiten, 12 Abb., 3 Tabellen, DM 10,20

HEFT 77
Meteor Apparatebau Paul Schmeck GmbH., Siegen
Entwicklung von Leuchtstoffröhren hoher Leistung
1954, 46 Seiten, 12 Abb., 2 Tabellen, DM 9,15

HEFT 78
Forschungsstelle für Acetylen, Dortmund
Über die Zustandsgleichung des gasförmigen Acetylens und das Gleichgewicht Acetylen — Aceton
1954, 42 Seiten, 3 Abb., 8 Tabellen, DM 8,—

HEFT 79
Techn.-Wissenschaftl. Büro für die Bastfaserindustrie, Bielefeld
Trocknung von Leinengarnen III
Spinnspulen- und Spinnkopstrocknung
Vorgang und Einwirkung auf die Garnqualität
1954, 74 Seiten, 18 Abb., 10 Tabellen, DM 14,—

WESTDEUTSCHER VERLAG · KÖLN UND OPLADEN

HEFT 80
Techn.-Wissenschaftl. Büro für die Bastfaserindustrie, Bielefeld
Die Verarbeitung von Leinengarn auf Webstühlen mit und ohne Oberbau
1954, 30 Seiten, 2 Abb., 2 Tabellen, DM 6,—

HEFT 81
Prüf- und Forschungsinstitut für Ziegeleierzeugnisse, Essen-Kray
Die Einführung des großformatigen Einheits-Gitterziegels im Lande Nordrhein-Westfalen
1954, 54 Seiten, 2 Abb., 2 Tabellen, DM 10,—

HEFT 82
Vereinigte Aluminium-Werke AG., Bonn
Forschungsarbeiten auf dem Gebiet der Veredelung von Aluminium-Oberflächen
1954, 46 Seiten, 34 Abb., DM 9,60

HEFT 83
Prof. Dr. S. Strugger, Münster
Über die Struktur der Proplastiden
1954, 30 Seiten, 15 Abb., DM 8,40

HEFT 84
Dr. H. Baron, Düsseldorf
Über Standardisierung von Wundtextilien
1954, 32 Seiten, DM 6,40

HEFT 85
Textilforschungsanstalt Krefeld
Physikalische Untersuchungen an Fasern, Fäden, Garnen und Geweben:
Untersuchungen am Knickscheuergerät nach Weltzien
1954, 40 Seiten, 11 Abb., 8 Tabellen, DM 10,—

HEFT 86
Prof. Dr.-Ing. H. Opitz, Aachen
Untersuchungen über das Fräsen von Baustahl sowie über den Einfluß des Gefüges auf die Zerspanbarkeit
1954, 108 Seiten, 73 Abb., 7 Tabellen, DM 22,—

HEFT 87
Gemeinschaftsausschuß Verzinken, Düsseldorf
Untersuchungen über Güte von Verzinkungen
1954, 68 Seiten, 56 Abb., 3 Tabellen, DM 15,30

HEFT 88
Gesellschaft für Kohlentechnik mbH., Dortmund-Eving
Oxydation von Steinkohle mit Salpetersäure
1954, 62 Seiten, 2 Abb., 1 Tabelle, DM 11,50

HEFT 89
Verein Deutscher Ingenieure, Gleitlagerforschung, Düsseldorf und Prof. Dr.-Ing. G. Vogelpohl, Göttingen
Versuche mit Preßstoff-Lagern für Walzwerke
1954, 70 Seiten, 34 Abb., DM 14,10

HEFT 90
Forschungs-Institut der Feuerfest-Industrie, Bonn
Das Verhalten von Silikasteinen im Siemens-Martin-Ofengewölbe
1954, 62 Seiten, 15 Abb., 11 Tabellen, DM 11,90

HEFT 91
Forschungs-Institut der Feuerfest-Industrie, Bonn
Untersuchungen des Zusammenhangs zwischen Leistung und Kohlenverbrauch von Kammeröfen zum Brennen von feuerfesten Materialien
1954, 42 Seiten, 6 Abb., DM 8,30

HEFT 92
Techn.-Wissenschaftl. Büro für die Bastfaserindustrie, Bielefeld und Laboratorium für textile Meßtechnik, M.-Gladbach
Messungen von Vorgängen am Webstuhl
1954, 76 Seiten, 45 Abb., DM 15,50

HEFT 93
Prof. Dr. W. Kast, Krefeld
Spinnversuche zur Strukturerfassung künstlicher Zellulosefasern
1954, 82 Seiten, 39 Abb., 6 Tabellen, DM 16,—

HEFT 94
Prof. Dr. G. Winter, Bonn
Die Heilpflanzen des MATTHIOLUS (1611) gegen Infektionen der Harnwege und Verunreinigung der Wunden bzw. zur Förderung der Wundheilung im Lichte der Antibiotikaforschung
1954, 58 Seiten, 1 Abb., 2 Tabellen, DM 11,50

HEFT 95
Prof. Dr. G. Winter, Bonn
Untersuchungen über die flüchtigen Antibiotika aus der Kapuziner- (Tropaeolum maius) und Gartenkresse (Lepidium sativum) und ihr Verhalten im menschlichen Körper bei Aufnahme von Kapuziner- bzw. Gartenkressensalat per os
1955, 74 Seiten, 9 Abb., 25 Tabellen, DM 14,—

HEFT 96
Dr.-Ing. P. Koch, Dortmund
Austritt von Exoelektronen aus Metalloberflächen unter Berücksichtigung der Verwendung des Effektes für die Materialprüfung
1954, 34 Seiten, 13 Abb., DM 7,—

HEFT 97
Ing. H. Stein, Laboratorium für textile Meßtechnik, M.-Gladbach
Untersuchung der Verzugsvorgänge an den Streckwerken verschiedener Spinnereimaschinen
2. Bericht: Ermittlung der Haft-Gleiteigenschaften von Faserbändern und Vorgarnen
1955, 98 Seiten, 54 Abb., DM 21,—

HEFT 98
Fachverband Gesenkschmieden, Hagen
Die Arbeitsgenauigkeit beim Gesenkschmieden unter Hämmern
1955, 132 Seiten, 55 Abb., 9 Tabellen, DM 24,75

HEFT 99
Prof. Dr.-Ing. G. Garbotz, Aachen
Der Kraft- und Arbeitsaufwand sowie die Leistungen beim Biegen von Bewehrungsstählen in Abhängigkeit von den Abmessungen, den Formen und der Güte der Stähle (Ermittlung von Leistungsrichtlinien)
1955, 136 Seiten, 53 Abb., 3 Anlagen, 18 Tabellen, DM 30,—

HEFT 100
Prof. Dr.-Ing. H. Opitz, Aachen
Untersuchungen von elektrischen Antrieben, Steuerungen und Regelungen an Werkzeugmaschinen
1955, 166 Seiten, 71 Abb., 3 Tabellen, DM 31,30

HEFT 101
Prof. Dr.-Ing. H. Opitz, Aachen
Wirtschaftlichkeitsbetrachtungen beim Außenrundschleifen
1955, 100 Seiten, 56 Abb., 3 Tabellen, DM 19,30

HEFT 102
Dr. P. Hölemann, Ing. R. Hasselmann und Ing. G. Dix, Dortmund
Untersuchungen über die thermische Zündung von explosiblen Acetylenzersetzungen in Kapillaren
1954, 44 Seiten, 5 Abb., 4 Tabellen, DM 8,60

HEFT 103
Prof. Dr. W. Weizel, Bonn
Durchführung von experimentellen Untersuchungen über den zeitlichen Ablauf von Funken in komprimierten Edelgasen sowie zu deren mathematischen Berechnung
1955, 46 Seiten, 12 Abb., DM 9,10

HEFT 104
Prof. Dr. W. Weizel, Bonn
Über den Einfluß der Elektroden auf die Eigenschaften von Cadmium-Sulfid-Widerstands-Photozellen
1955, 48 Seiten, 12 Abb., DM 9,45

HEFT 105
Dr.-Ing. R. Meldau, Harsewinkel/Westf.
Auswertung von Gekörn — Analysen des Musterstaubes „Flugasche Fortuna I"
1955, 42 Seiten, 14 Abb., DM 8,50

HEFT 106
ORR. Dr.-Ing. W. Küch, Dortmund
Untersuchungen über die Einwirkung von feuchtigkeitsgesättigter Luft auf die Festigkeit von Leimverbindungen
1954, 60 Seiten, 10 Abb., 6 Tabellen, DM 11,40

HEFT 107
Prof. Dr. H. Lange und Dipl.-Phys. P. St. Pütter, Köln
Über die Konstruktion von Laboratoriumsmagneten
1955, 66 Seiten, 19 Abb., 1 Tabelle, DM 12,30

HEFT 108
Prof. Dr. W. Fuchs, Aachen
Untersuchungen über neue Beizmethoden und Beizabwässer
I. Die Entzunderung von Drähten mit Natriumhydrid
II. Die Aufbereitung von Beizabwässern
1955, 82 S., 15 Abb., 14 Tabellen, 1 Falttafel, DM 15,25

HEFT 109
Dr. P. Hölemann und Ing. R. Hasselmann, Dortmund
Untersuchungen über die Löslichkeit von Azetylen in verschiedenen organischen Lösungsmitteln
1954, 42 Seiten, 10 Abb., 8 Tabellen, DM 8,30

HEFT 110
Dr. P. Hölemann und Ing. R. Hasselmann, Dortmund
Untersuchungen über den Druckverlauf bei der explosiblen Zersetzung von gasförmigem Azetylen
1955, 54 Seiten, 10 Abb., 5 Tabellen, DM 11,—

HEFT 111
Fachverband Steinzeugindustrie, Köln
Die Entwicklung eines Gerätes zur Beschickung seitlicher Feuer von Steinzeug-Einzelkammeröfen mit festen Brennstoffen
1955, 46 Seiten, 16 Abb., DM 9,40

HEFT 112
Prof. Dr.-Ing. H. Opitz, Aachen
Verschleißmessungen beim Drehen mit aktivierten Hartmetallwerkzeugen
1954, 44 Seiten, 17 Abb., 6 Tabellen, DM 8,80

HEFT 113
Prof. Dr. O. Graf, Dortmund
Erforschung der geistigen Ermüdung und nervösen Belastung: Studien über die vegetative 24-Stunden-Rhythmik in Ruhe und unter Belastung
1955, 40 Seiten, 12 Abb., DM 8,20

HEFT 114
Prof. Dr. O. Graf, Dortmund
Studien über Fließarbeitsprobleme an einer praxisnahen Experimentieranlage
1954, 34 Seiten, 6 Abb., DM 7,—

HEFT 115
Prof. Dr. O. Graf, Dortmund
Studium über Arbeitspausen in Betrieben bei freier und zeitgebundener Arbeit (Fließarbeit) und ihre Auswirkung auf die Leistungsfähigkeit
1955, 50 Seiten, 13 Abb., 2 Tabellen, DM 9,80

HEFT 116
Prof. Dr.-Ing. E. Siebel und Dr.-Ing. H. Weiss, Stuttgart
Untersuchungen an einigen Problemen des Tiefziehens — I. Teil
1955, 74 Seiten, 50 Abb., 5 Tabellen, DM 14,50

HEFT 117
Dr.-Ing. H. Beißwänger, Stuttgart, und Dr.-Ing. S. Schwandt, Trier
Untersuchungen an einigen Problemen des Tiefziehens — II. Teil
1955, 92 Seiten, 34 Abb., 8 Tabellen, DM 17,70

HEFT 118
Prof. Dr. E. A. Müller und Dr. H. G. Wenzel, Dortmund
Neuartige Klima-Anlage zur Erzeugung ungleicher Luft- und Strahlungstemperaturen in einem Versuchsraum
1955, 68 Seiten, 10 z. T. mehrfarb. Abb., DM 14,—

HEFT 119
Dr.-Ing. O. Viertel, Krefeld
Wäscherei- und energietechnische Untersuchung einer Gemeinschafts-Waschanlage
1955, 50 Seiten, 18 Abb., DM 10,20

HEFT 120
Dipl.-Ing. A. Weisbecker, Lüdenscheid
Über Anfressung an Reinstaluminium-Schweißnähten bei der elektrolytischen Oxydation
Gebr. Hörstermann GmbH., Velbert
Entwicklung und Erprobung eines neuartigen Gummibandförderers
1955, 46 Seiten, 18 Abb., DM 9,70

HEFT 121
Dr. H. Krebs, Bonn
I. Die Struktur und die Eigenschaften der Halbmetalle
II. Die Bestimmung der Atomverteilung in amorphen Substanzen
III. Die chemische Bindung in anorganischen Festkörpern und das Entstehen metallischer Eigenschaften
1955, 124 Seiten, 36 Abb., 13 Tabellen, DM 22,90

HEFT 122
Prof. Dr. W. Fuchs, Aachen
Untersuchungen zur Verbesserung der Wasseraufbereitung und Wasseranalyse:
Über die Schnellbewertung von Ionenaustauscher
1955, 62 Seiten, 32 Abb., DM 12,30

HEFT 123
Dipl.-Ing. J. Emondts, Aachen
Über Bodenverformungen bei stark gestörtem und mächtigem, wasserführendem Deckgebirge im Aachener Steinkohlengebiet
1955, 196 Seiten, 37 Abb., 10 Tabellen, DM 28,80

HEFT 124
Prof. Dr. R. Seyffert, Köln
Wege und Kosten der Distribution der Hausratwaren im Lande Nordrhein-Westfalen
1955, 74 Seiten, 25 Tabellen, DM 9,—

HEFT 125
Prof. Dr. E. Kappler, Münster
Eine neue Methode zur Bestimmung von Kondensations-Koeffizienten von Wasser
1955, 46 Seiten, 11 Abb., 1 Tabelle, DM 9,10

HEFT 126
Prof. Dr.-Ing. J. Mathieu, Aachen
Arbeitszeitvergleich
Grundlagen, Methodik und praktische Durchführung
1955, 70 Seiten, DM 13,—

HEFT 127
Güteschutz Betonstein e. V., Arbeitskreis Nordrhein-Westfalen, Dortmund
Die Betonwaren-Gütesicherung im Lande Nordrhein-Westfalen
1955, 58 Seiten, 15 Abb., 3 Tabellen, DM 11,50

HEFT 128
Prof. Dr. O. Schmitz-DuMont, Bonn
Untersuchungen über Reaktionen in flüssigem Ammoniak
1955, 96 Seiten, 11 Abb., 6 Tabellen, DM 17,75

HEFT 129
Prof. Dr.-Ing. J. Mathieu und Dr. C. A. Roos, Aachen
Die Anlernung von Industriearbeitern
I. Ergebnisse einer grundsätzlichen Untersuchung der gegenwärtigen Industriearbeiter-Kurzanlernung
1955, 106 Seiten, DM 19,70

HEFT 130
Prof. Dr.-Ing. J. Mathieu und Dr. C. A. Roos, Aachen
Die Anlernung von Industriearbeitern
II. Beiträge zur Methodenfrage der Kurzanlernung
1955, 108 Seiten, DM 19,90

HEFT 131
Dr. W. Hoerburger, Köln
Versuche zur Biosynthese von Eiweiß aus Kohlenwasserstoff
1955, 34 Seiten, 2 Abb., DM 6,90

HEFT 132
Prof. Dr. W. Seith, Münster
Über Diffusionserscheinungen in festen Metallen
1955, 42 Seiten, 19 Abb., 4 Tabellen, DM 9,10

HEFT 133
Prof. Dr. E. Jenckel, Aachen
Über einen für Schwermetalle selektiven Ionenaustauscher
1955, 48 Seiten, 8 Abb., 13 Tabellen, DM 9,50

HEFT 134
Prof. Dr.-Ing. H. Winterhager, Aachen
Über die elektrochemischen Grundlagen der Schmelzfluß-Elektrolyse von Bleisulfid in geschmolzenen Mischungen mit Bleichlorid
1955, 54 Seiten, 20 Abb., 5 Tabellen, DM 11,80

HEFT 135
Prof. Dr.-Ing. K. Krekeler und Dr.-Ing. H. Peukert, Aachen
Die Änderung der mechanischen Eigenschaften thermoplastischer Kunststoffe durch Warmrecken
1955, 54 Seiten, 27 Abb., DM 11,10

HEFT 136
Dipl.-Phys. P. Pilz, Remscheid
Über spezielle Probleme der Zerkleinerungstechnik von Weichstoffen
1955, 58 Seiten, 19 Abb., 2 Tabellen, DM 11,50

HEFT 137
Prof. Dr. W. Baumeister, Münster
Beiträge zur Mineralstoffernährung der Pflanzen
1955, 64 Seiten, 6 Tabellen, DM 11,80

HEFT 138
Dr. P. Hölemann und Ing. R. Hasselmann, Dortmund
Untersuchungen über die Zersetzungswärme von gasförmigem und in Azeton gelöstem Azetylen
1955, 54 Seiten, 8 Abb., 7 Tabellen, DM 10,40

HEFT 139
Prof. Dr. W. Fuchs, Aachen
Studien über die thermische Zersetzung der Kohle und die Kohlendestillatprodukte
1955, 64 Seiten, 20 Abb., 22 Tabellen, DM 11,80

HEFT 140
Dr.-Ing. G. Hausberg, Essen
Modellversuche an Zyklonen
1955, 78 Seiten, 24 Abb., DM 15,70

HEFT 141
Dr. J. van Calker und Dr. R. Wienecke, Münster
Untersuchungen über den Einfluß dritter Analysenpartner auf die spektrochemische Analyse
1955, 42 Seiten, 15 Abb., DM 9,10

HEFT 142
Dipl.-Ing. G. M. F. Wiebel, Hannover, A. Konermann und A. Ottenheym, Sennelager
Entwicklung eines Kalksandleichtsteines
1955, 38 Seiten, 4 Abb., DM 8,—

HEFT 143
Prof. Dr. F. Wever, Dr. A. Rose und Dipl.-Ing. W. Straßburg, Düsseldorf
Härtbarkeit und Umwandlungsverhalten der Stähle
1955, 50 Seiten, 12 Abb., 3 Tabellen, DM 10,70

HEFT 144
Prof. Dr. H. Wurmbach, Bonn
Steuerung von Wachstum und Formbildung
1955, 48 Seiten, 19 Abb., DM 10,30

HEFT 145
Dr. G. Hennemann, Werdohl (Westf.)
Beitrag zur Interpretation der modernen Atomphysik
1955, 34 Seiten, DM 10,—

HEFT 146
Dr.-Ing. F. Gruß, Düsseldorf
Sterilisation mit Heißluft
1955, 34 Seiten, 10 Abb., DM 7,70

HEFT 147
Dr.-Ing. W. Rudisch, Unna
Untersuchung einer drehelastischen Elektromagnet-Synchronkupplung
1955, 82 Seiten, 65 Abb., DM 17,70

HEFT 148
Prof. Dr. H. Bittel u. Dipl.-Phys. L. Storm, Münster
Untersuchungen über Widerstandsrauschen
1955, 40 Seiten, 5 Abb., DM 8,40

HEFT 149
Dipl.-Ing. K. Konopicky und Dipl.-Chem. P. Kampa, Bonn
I. Beitrag zur flammenphotometrischen Bestimmung des Calciums
Dr.-Ing. K. Konopicky, Bonn
II. Die Wanderung von Schlackenbestandteilen in feuerfesten Baustoffen
1955, 54 Seiten, 10 Abb., 5 Tabellen, DM 11,—

HEFT 150
Prof. Dr.-Ing. O. Kienzle und Dipl.-Ing. W. Timmerbeil, Hannover
Das Durchziehen enger Kragen an ebenen Fein- und Mittelblechen
1955, 52 Seiten, 20 Abb., 8 Tabellen, DM 11,30

HEFT 151
Dipl.-Ing. P. Karabasch, Aachen
Feststellung des optimalen Gasgehaltes von Bronzen zur Erzielung druckdichter Gußstücke
1956, 64 Seiten, 31 Abb., 5 Tabellen, DM 13,90

HEFT 152
Dipl.-Ing. G. Müller, Köln
Ermittlung der Laufeigenschaften (Vergießbarkeit) von Bronze und Rotguß mittels der Schneider-Gießspirale
1955, 60 Seiten, 33 Abb., DM 13,30

HEFT 153
Prof. Dr. F. Wever, Dr.-Ing. W. A. Fischer und Dipl.-Ing. J. Engelbrecht, Düsseldorf
I. Die Reduktion sauerstoffhaltiger Eisenschmelzen im Hochvakuum mit Wasserstoff und Kohlenstoff
II. Einfluß geringer Sauerstoffgehalte auf das Gefüge und Alterungsverhalten von Reineisen
1955, 54 Seiten, 15 Abb., 2 Tabellen, DM 12,40

HEFT 154
Prof. Dr.-Ing. P. Bardenheuer und Dr.-Ing. W. A. Fischer, Düsseldorf
Die Verschlackung von Titan aus Stahlschmelzen im sauren und basischen Hochfrequenzofen unter verschiedenen Schlacken
1955, 36 Seiten, 10 Abb., 1 Tabelle, DM 7,95

HEFT 155
Dipl.-Phys. K. H. Schirmer, München
Die auf Grau abgestimmte Farbwiedergabe im Dreifarbenbuchdruck
1955, 46 Seiten, 17 Abb., 2 Farbtafeln, DM 10,—

HEFT 156
Prof. Dr.-Ing. B. von Borries und Mitarbeiter, Düsseldorf
Die Entwicklung regelbarer permanentmagnetischer Elektronenlinsen hoher Brechkraft und eines mit ihnen ausgerüsteten Elektronenmikroskopes neuer Bauart
1956, 102 Seiten, 52 Abb., DM 22,55

HEFT 157
Dr. W. Jawtusch, Dr. G. Schuster und Prof. Dr.-Ing. R. Jaeckel, Bonn
Untersuchungen über die Stoßvorgänge zwischen neutralen Atomen und Molekülen
1955, 48 Seiten, 15 Abb., 3 Tabellen, DM 10,50

HEFT 158
Dipl.-Ing. W. Rosenkranz, Meinerzhagen
Ein Beitrag zum Problem der Spannungskorrosion bei Preßprofilen und Preßteilen aus Aluminium-Legierungen
1956, 112 Seiten, 61 Abb., 5 Tabellen, DM 27,40

HEFT 159
Dr.-Ing. O. Viertel und O. Oldenroth, Krefeld
Das Bleichen von Weißwäsche mit Wasserstoffsuperoxyd bzw. Natriumhypochlorit beim maschinellen Waschen
1955, 54 Seiten, 23 Abb., 2 Tabellen, DM 11,45

HEFT 160
Prof. Dr. W. Klemm, Münster
Über neue Sauerstoff- und Fluor-haltige Komplexe
1955, 50 Seiten, 13 Abb., 7 Tabellen, DM 10,80

HEFT 161
Prof. Dr. W. Weltzien und Dr. G. Hauschild, Krefeld
Über Silikone und ihre Anwendung in der Textilveredlung
1955, 162 Seiten, 22 Abb., 10 Tabellen, DM 27,—

HEFT 162
Prof. Dr. F. Wever, Prof. Dr. A. Kochendörfer und Dr.-Ing. Chr. Rohrbach, Düsseldorf
Kennzeichnung der Sprödbruchneigung von Stählen durch Messung der Fließspannung, Reißspannung und Brucheinschnürung an dreiachsig beanspruchten Proben
1955, 58 Seiten, 26 Abb., DM 13,—

HEFT 163
Dipl.-Ing. W. Rohs und Text.-Ing. H. Griese, Bielefeld
Untersuchungsarbeiten zur Verbesserung des Leinenwebstuhls III
1955, 80 Seiten, 15 Abb., 18 Tabellen, DM 15,80

HEFT 164
Dr.-Ing. H. Schmachtenberg, Köln
Neuartige Prüfeinrichtungen für Kraftfahrzeuge
1955, 44 Seiten, 23 Abb., DM 9,60

HEFT 165
Dr.-Ing. W. Wilhelm, Aachen
Instationäre Gasströmung im Auspuffsystem eines Zweitaktmotors
1955, 62 Seiten, 31 Abb., 8 Tabellen, DM 13,60

HEFT 166
Prof. Dr. M. v. Stackelberg, Dr. H. Heindze, Dr. H. Hübschke und Dr. K. H. Frangen, Bonn
Kolloidchemische Untersuchungen
1955, 106 Seiten, 8 Abb., 13 Tabellen, DM 21,25

HEFT 167
Prof. Dr.-Ing. F. Schuster, Essen
I. Über die Heißkarburierung von Brenngasen mit Ölen und Teeren
II. Die Strahlungsvorgänge in brennstoffbeheizten Öfen bei verschiedenen Verbrennungsatmosphären
1955, 38 Seiten, 8 Abb., DM 8,30

HEFT 168
Prof. Dr.-Ing. F. Schuster, Essen
I. Luftvorwärmung an Gasfeuerungen
II. Heizwerthöhe von Brenngasen und Wirkungsgrad sowie Gasverbrauch bei der Gasverwendung
III. Sauerstoffangereicherte Luft und feuerungstechnische Kenngrößen von Brenngasen
1955, 60 Seiten, 18 Abb., DM 12,50

HEFT 169
Forschungsinstitut für Pigmente und Lacke, Stuttgart
Arbeiten über die Bestimmung des Gebrauchswertes von Lackfilmen durch physikalische Prüfungen
1955, 70 Seiten, 23 Abb., 4 Tabellen, DM 15,—

HEFT 170
Prof. Dr. F. Wever, Dr. A. Rose und Dipl.-Ing L. Rademacher, Düsseldorf
Anwendung der Umwandlungsschaubilder auf Fragen der Werkstoffauswahl beim Schweißen und Flammhärten
1955, 64 Seiten, 25 Abb., DM 13,70

HEFT 171
Wäschereiforschung Krefeld
Untersuchung der Wäscheentwässerung mit Hilfe von Zentrifugen und Pressen
1955, 42 Seiten, 16 Abb., 4 Tabellen, DM 9,70

HEFT 172
Dipl.-Ing. W. Rohs, Dr.-Ing. G. Satlow und Text.-Ing. G. Heller, Bielefeld
Trocknung von Hanfgarnen. Kreuzspultrocknung
1955, 60 Seiten, 7 Abb., 4 Tabellen, DM 10,30

HEFT 173
Prof. Dr. R. Hosemann und Dipl.-Phys. G. Schoknecht, Berlin, vorgelegt von Prof. Dr. W. Kast, Krefeld
Lichtoptische Herstellung und Diskussion der Faltungsquadrate parakristalliner Gitter
1956, 108 Seiten, 63 Abb., 6 Tabellen, DM 24,70

HEFT 174
Prof. Dr. W. von Fragstein, Dr. J. Meingast und H. Hoch, Köln
Herstellung von Solen einheitlicher Teilchengröße und Ermittlung ihrer optischen Eigenschaften
1955, 78 Seiten, 80 Abb., 4 Tabellen, DM 18,25

HEFT 175
Dr.-Ing. H. Zeller, Aachen
Beitrag zur eindimensionalen stationären und nichtstationären Gasströmung mit Reibung und Wärmeleitung, insbesondere in Rohren mit unstetigen Querschnittsänderungen.
1956, 138 Seiten, 56 Abb., DM 29,30

HEFT 176
Dipl.-Ing. H. Schöberl, Duisburg
Über die Methoden zur Ermittlung der Verbrennungstemperatur von Brennstoffen und ein Vorschlag zu ihrer Verbesserung
1955, 30 Seiten, 3 Abb., DM 6,50

HEFT 177
Dipl.-Ing. H. Stüdemann, Solingen, und Dr.-Ing. W. Müchler, Essen
Entwicklung eines Verfahrens zur zahlenmäßigen Bestimmung der Schneideigenschaften von Messerklingen
1956, 104 Seiten, 68 Abb., 4 Tabellen, DM 22,20

HEFT 178
Prof. Dr. M. von Stackelberg u. Dr. W. Hans, Bonn
Untersuchungen zur Ausarbeitung und Verbesserung von polarographischen Analysenmethoden
1955, 46 Seiten, 14 Abb., DM 10,50

HEFT 179
Dipl.-Ing. H. F. Reineke, Bochum
Entwicklungsarbeiten auf dem Gebiete der Meß- und Regeltechnik
1955, 46 Seiten, 10 Abb., DM 10,—

HEFT 180
Dr.-Ing. W. Piepenburg, Dipl.-Ing. B. Bühling und Bauing. J. Behnke, Köln
Putzarbeiten im Hochbau und Versuche mit aktiviertem Mörtel und mechanischem Mörtelauftrag
1955, 116 Seiten, 31 Abb., 68 Tabellen, DM 23,—

HEFT 181
Prof. Dr. W. Franz, Münster
Theorie der elektrischen Leitvorgänge in Halbleitern und isolierenden Festkörpern bei hohen elektrischen Feldern
1955, 28 Seiten, 2 Abb., 1 Tabelle, DM 6,20

HEFT 182
Dr.-Ing. P. Schenk u. Dr. K. Osterloh, Düsseldorf
Katalytisch-thermische Spaltung von gasförmigen und flüssigen Kohlenwasserstoffen zur Spitzengaserzeugung
1955, 50 Seiten, 11 Abb., 11 Tabellen, DM 10,90

HEFT 183
Dr. W. Bornheim, Köln
Entwicklungsarbeiten an Flaschen- und Ampullen-Behandlungsmaschinen für die pharmazeutische Industrie
1956, 48 Seiten, 24 Abb., DM 11,70

HEFT 184
Dr.-Ing. E. Printz, Kettwig
Vollhydraulische Parallel-Kupplung für Ackerschlepper
1955, 32 Seiten, 4 Abb., DM 7,80

HEFT 185
Dipl.-Ing. W. Rohs und Text.-Ing. G. Heller, Bielefeld
Studien an einem neuzeitlichen Kreuzspultrockner für Bastfasergarne mit Wiederbefeuchtungszone
1955, 52 Seiten, 9 Abb., 3 Tabellen, DM 10,70

HEFT 186
Dr. E. Wedekind, Krefeld
Untersuchungen zur Arbeitsbestgestaltung bei der Fertigstellung von Oberhemden in gewerblichen Wäschereien
1955, 124 Seiten, 28 Abb., 6 Tabellen, 2 Falttaf., DM 12,—

HEFT 187
Dipl.-Ing. F. Göttgens, Essen
Über die Eigenarten der Bimetall-, Thermo- und Flammenionisationssicherungsmethode in ihrer Anwendung auf Zündsicherungen
1955, 40 Seiten, 6 Abb., 4 Tabellen, DM 8,40

HEFT 188
W. Kinnebrock, Langenberg (Rhld.)
Der Einfluß des Austausches gleicher Gaskochbrenner bzw. Gaskochbrennerteile auf den Wirkungsgrad und insbesondere auf den CO-Gehalt der Verbrennungsgase
1955, 42 Seiten, 7 Tabellen, DM 8,70

HEFT 189
Fa. E. Leybold's Nachfolger, Köln
I. Ausgewählte Kapitel aus der Vakuumtechnik
II. Zum Verlust anorganisch-nichtflüchtiger Substanzen während der Gefriertrocknung
1955, 52 Seiten, 16 Abb., 3 Tabellen, DM 11,20

HEFT 190
Prof. Dr. A. Neuhaus, Prof. Dr. O. Schmitz-DuMont und Dipl.-Chem. H. Reckhard, Bonn
Zur Kenntnis der Alkalititanate
1955, 60 Seiten, 13 Abb., 1 Tabelle, DM 12,20

HEFT 191
Dr. H. Söhngen, Darmstadt
Schwingungsverhalten eines Schaufelkranzes im Vakuum
1955, 36 Seiten, 7 Abb., DM 7,80

HEFT 192
Dipl.-Phys. E. M. Schneider, München
Kohlebogenlampen für Aufnahme und Kopie
1955, 48 Seiten, 21 Abb., 3 Tabellen, DM 10,60

HEFT 193
Prof. Dr. O. Schmitz-DuMont, Bonn
Untersuchungen über neue Pigmentfarbstoffe
1956, 50 Seiten, 16 Abb., 8 Tabellen, DM 11,20

HEFT 194
Dr. K. Hecht, Köln
Entwicklung neuartiger physikalischer Unterrichtsgeräte
1955, 42 Seiten, 16 Abb., DM 9,90

HEFT 195
Dr.-Ing. E. Rößger, Köln
Gedanken über einen neuen deutschen Luftverkehr
1955, 342 Seiten, 29 Abb., 122 Tabellen, DM 50,—

HEFT 196
Dipl.-Ing. W. Rohs und Text.-Ing. H. Griese, Bielefeld
Auswirkungen von Garnfehlern bei der Verarbeitung von Leinengarnen
1955, 36 Seiten, 3 Abb., 6 Tabellen, DM 7,80

HEFT 197
Dr. E. Wedekind, Krefeld
Untersuchungen zur Bestimmung der optimalen Arbeitsplatzgröße bei Mehrstuhlarbeit in der Weberei
1955, 92 Seiten, 34 Abb., 6 Tabellen, DM 18,50

HEFT 198
Prof. Dr. J. Weissinger, Karlsruhe
Zur Aerodynamik des Ringflügels. Die Druckverteilung dünner, fast drehsymmetrischer Flügel in Unterschallströmung
1955, 42 Seiten, 5 Abb., DM 9,—

HEFT 199
Textilforschungsanstalt Krefeld
Die Messung von Gewebetemperaturen mittels Temperaturstrahlung
1955, 50 Seiten, 12 Abb., DM 10,90

HEFT 200
R. Seipenbusch, Langenberg (Rhld.)
Spitzengas durch Zusatz von Flüssiggas-Wassergas- und Flüssiggas-Generatorgas-Gemischen zu Stadtgas
1955, 48 Seiten, 21 Tabellen, DM 10,35

HEFT 201
Dr.-Ing. E. W. Pleines, Frankfurt/Main
Die Sicherheit im Luftverkehr
1956, 194 Seiten, 39 Abb., 19 Tabellen, DM 39,50

HEFT 202
Dipl.-Ing. D. Fiecke, Stuttgart/Zuffenhausen
Die Bestimmung der Flugzeugpolaren für Entwurfszwecke. I Teil: Unterlagen
1956, 216 Seiten, 171 Diagr., DM 59,70

HEFT 203
Dr. G. Wandel, Bonn
Uferbewachsung und Lebendverbauung an den Nordwestdeutschen Kanälen und ihren Zuflüssen sowie an der Ruhr
1956, 122 Seiten, 88 Abb., DM 25,70

HEFT 204
Dipl.-Ing. B. Naendorf, Langenberg (Rhld.)
Bestimmung der Brenneigenschaften und des Brennverhaltens verschiedener Gasarten und Einfluß verschiedener Düsengestaltung
1955, 32 Seiten, DM 7,10

HEFT 205
Dr. C. Schaarwächter, Düsseldorf
Über plastische Kupfer-Eisen-Phosphor-Legierungen
1936, 36 Seiten, 10 Abb., 10 Tabellen, DM 8,30

HEFT 206
Dr. P. Hölemann, Ing. R. Hasselmann und Ing. G. Dix, Dortmund
Untersuchungen über die Vorgänge bei der Zersetzung von in Azeton gelöstem Azetylen
1956, 74 Seiten, 7 Abb., 7 Tabellen, DM 15,55

HEFT 207
Prof. Dr.-Ing. H. Opitz, Dipl.-Ing. K. H. Fröhlich und Dipl.-Ing. H. Siebel, Aachen
Richtwerte für das Fräsen von unlegierten und legierten Baustählen mit Hartmetall. I. Teil
1956, 48 Seiten, 27 Abb., 3 Tabellen, DM 11,10

HEFT 208
Prof. Dr.-Ing. H. Müller, Essen
Untersuchung von Elektrowärmegeräten für Laienbedienung hinsichtlich Sicherheit und Gebrauchsfähigkeit. I. Untersuchungen an Kochplatten
1956, 100 Seiten, 76 Abb., 7 Tabellen, DM 22,70

HEFT 209
Dr. K. Bunge, Leverkusen
Materialabbau in Funkenentladungen. Untersuchungen an Zinkkathoden
1956, 54 Seiten, 10 Abb., 5 Tabellen, DM 11,40

HEFT 210
Dr. W. Porschen und Prof. Dr. W. Riezler, Bonn
Langlebige Alphaaktivitäten bei natürlichen Elementen
1955, 40 Seiten, 5 Abb., 4 Tabellen, DM 8,80

HEFT 211
Prof. Dipl.-Ing. W. Sturtzel und Dipl.-Ing. W. Graff, Duisburg
Die Versuchsanstalt für Binnenschiffbau, Duisburg
1956, 48 Seiten, 22 Abb., 11,—

HEFT 212
Dipl.-Ing. H. Spodig, Selm
Untersuchung zur Anwendung der Dauermagnete in der Technik
1955, 44 Seiten, 25 Abb., DM 9,80

HEFT 213
Dipl.-Ing. K. F. Rittinghaus, Aachen
Zusammenstellung eines Meßwagens für Bau- und Raumakustik
1957, 96 Seiten 17 Abb., 7 Tabellen DM 19,80

HEFT 214
Dr.-Ing. F. Endres, München
Berechnung der optimalen Leistungen, Kraftstoffverbräuche und Wirkungsgrade von Einkreis-Turboladcr-Strahltriebwerken am Boden und in der Höhe bei Fluggeschwindigkeiten von 0—2000 km/h
1956, 72 Seiten, 18 Abb., 8 Tabellen, DM 15,40

HEFT 215
Prof. Dr.-Ing. H. Opitz und Dr.-Ing. G. Weber, Aachen
Einfluß der Wärmebehandlung von Baustählen auf Spanentstehung, Schnittkraft- und Standzeitverhalten
1956, 80 Seiten, 30 Abb., 10 Tabellen, DM 18,40

HEFT 216
Dr. E. Kloth, Köln
Untersuchungen über die Ausbreitung kurzer Schallimpulse bei der Materialprüfung mit Ultraschall
1956, 90 Seiten, 60 Abb., 4 Tabellen, DM 19,40

HEFT 217
Rationalisierungskuratorium der Deutschen Wirtschaft (RKW), Frankfurt/Main
Typenvielzahl bei Haushaltgeräten und Möglichkeiten einer Beschränkung
1956, 328 Seiten, 2 Abb., 181 Tabellen, DM 49,50

HEFT 218
Dr. F. Keune, Aachen
Bericht über eine Theorie der Strömung um Rotationskörper ohne Anstellung bei Machzahl Eins
1955, 40 Seiten, 8 Abb., 5 Formelblätter, DM 8,80

WESTDEUTSCHER VERLAG · KÖLN UND OPLADEN

HEFT 219
Prof. Dr. W. Fuchs, Aachen
Untersuchungen zur Holzabfallverwertung und zur Chemie des Lignins
1955, 54 Seiten, 11 Abb., 15 Tabellen, DM 11,40

HEFT 220
Prof. Dr. W. Fuchs, Aachen
Die Entwicklung neuer Regel- und Kontroll-Apparate zur coulometrischen Analyse
1956, 76 Seiten, 17 Abb., 23 Tabellen, DM 15,50

HEFT 221
Dr. W. Meyer-Eppler, Bonn
Experimentelle Untersuchungen zum Mechanismus von Stimme und Gehör in der lautsprachlichen Kommunikation *1955, 56 Seiten, 24 Abb., DM 13,45*

HEFT 222
Dr. L. Köllner, Münster, und Dipl.-Volkswirt M. Kaiser, Bochum
Die internationale Wettbewerbsfähigkeit der westdeutschen Wollindustrie *1956, 214 Seiten, DM 39,50*

HEFT 223
Dr.-Ing. K. Alberti und Dr. F. Schwarz, Köln
Über das Problem Hartbrand-Weichbrand
1956, 54 Seiten, 25 Abb., 14 Tabellen, DM 12,10

HEFT 224
Dipl.-Ing. H. Stüdemann und Ing. R. Beu, Solingen
Verfahren zur Prüfung der Korrosionsbeständigkeit von Messerklingen aus rostfreiem Stahl
1956, 82 Seiten, 28 Abb., DM 16,90

HEFT 225
Dr.-Ing. E. Barz, Remscheid
Der Spannungszustand von Gattersägeblättern
1956, 74 Seiten, 54 Abb., DM 16,50

HEFT 226
Technisch-wissenschaftliches Büro für die Bastfaserindustrie, Bielefeld
Untersuchungen zur Verbesserung des Leinenwebstuhles IV
Die Wirkung verschiedener Kettbaumbremsen auf die Verwebung von Leinengarnen
1956, 64 Seiten, 9 Abb., 4 Tabellen, DM 13,50

HEFT 227
Prof. Dr. F. Wever, Düsseldorf und Dr. W. Wepner, Köln
Untersuchung der Alterungsneigung von weichen unlegierten Stählen durch Härteprüfung bei Temperaturen bis 300 Grad C
1956, 34 Seiten, 20 Abb., 3 Tabellen, DM 7,95

HEFT 228
Prof. Dr. F. Wever, Dr. W. Koch, Düsseldorf, und Dr. B. A. Steinkopf, Dortmund
Spektrochemische Grundlagen der Analyse von Gemischen aus Kohlenmonoxyd, Wasserstoff und Stickstoff *1956, 42 Seiten, 18 Abb., 1 Tabelle, DM 9,90*

HEFT 229
Prof. Dr. F. Wever, Dr. W. Koch und Dr.-Ing. H. Malissa, Düsseldorf
Über die Anwendung disubstituierter Dithiocarbamate der analytischen Chemie
1956, 44 Seiten, 30 Abb., 5 Tabellen, DM 10,50

HEFT 230
Prof. Dr. F. Wever, Düsseldorf, und Dr. W. Wepner, Köln
Bestimmung kleiner Kohlenstoffgehalte im Alpha-Eisen durch Dämpfungsmessung
1956, 34 Seiten, 5 Abb., 2 Tabellen, DM 7,70

HEFT 231
Dr.-Ing. W. Küch, Dortmund
Über die Wechselwirkung zwischen Holzschutzbehandlung und Verleimung
1956, 48 Seiten, 10 Abb., 8 Tabellen, DM 10,40

HEFT 232
Prof. Dr.-Ing. O. Kienzle, Hannover, und Dr.-Ing. H. Münnich, Schweinfurt
Feststellung der Spannungen und Dehnungen und Bruchdrehzahlen der unter Fliehkraft und Bearbeitungskraft beanspruchten Schleifkörper
in Vorbereitung

HEFT 233
Dr. H. Haase, Hamburg
Infrarot-Bibliographie *1956, 90 Seiten, DM 17,80*

HEFT 234
Dr.-Ing. K. G. Speith und Dr.-Ing. A. Bungeroth, Duisburg
Versuche zur Steigerung des Kokillen-Schluckvermögens beim Stranggießen von Stahl
1956, 26 Seiten, 5 Abb., DM 6,15

HEFT 235
Prof. Dr.-Ing. K. Leist und Dipl.-Ing. W. Dettmering, Aachen
Turbinenschaufeln aus Kunststoff für Kaltluftversuchsanlagen
1956, 46 Seiten, 43 Abb., 3 Tabellen, DM 12,30

HEFT 236
Dr.-Ing. O. Viertel und S. Lucas, Krefeld
Ergebnisse einer Hausfrauenbefragung über Wascheinrichtungen und Waschmethoden in städtischen Haushaltungen
1956, 34 Seiten, 4 Abb., DM 7,60

HEFT 237
Dr. P. Endler und Dr. H. Ludes, Köln
Bericht über eine Studienreise zur Orientierung der heutigen Behandlung der Lungentuberkulose in den Vereinigten Staaten von Nordamerika
1956, 32 Seiten, DM 7,10

HEFT 238
Institut für textile Meßtechnik, M.-Gladbach, e. V.
Untersuchungen der Verzugsvorgänge an den Streckwerken verschiedener Spinnereimaschinen. 3. Bericht: Theoretische Betrachtungen über den Einfluß schlagender Zylinder und Druckrollen
1956, 66 Seiten, 21 Abb., DM 14,10

HEFT 239
Prof. Dr.-Ing. K. Leist, Dipl.-Ing. H. Scheele, Aachen, und Dipl.-Ing. F. H. Flottmann, Herne
Versuche an einem neuartigen luftgekühlten Hochleistungs-Kolbenkompressor
1956, 72 Seiten, 19 Abb., 7 Tabellen, DM 14,40

HEFT 240
Prof. Dr.-Ing. K. Leist und Dipl.-Ing. H. Scheele, Aachen
Temperaturmessungen an einem einstufigen luftgekühlten 4-Zylinder-Kolbenkompressor mit Kühlgebläse *1956, 74 Seiten, 36 Abb., DM 14,80*

HEFT 241
Prof. Dr.-Ing. K. Leist und Dipl.-Ing. M. Pötke, Aachen
Leistungsversuche an einem Kühlluftgebläse
1956, 60 Seiten, 13 Abb., DM 11,70

HEFT 242
Prof. Dr.-Ing. K. Leist und Dipl.-Ing. K. Graf, Aachen
Straßenfahrzeuge mit Gasturbinenantrieb
1956, 82 Seiten, 63 Abb., DM 17,20

HEFT 243
Prof. Dr.-Ing. K. Leist und Dipl.-Ing. S. Förster, Aachen
Die französische Kleingasturbine Artouste — 1. Teil
1956, 80 Seiten, 41 Abb., DM 15,85

HEFT 244
Prof. Dr. F. Wever, Dr. W. Koch und Dr. S. Eckhard, Düsseldorf
Erfahrungen mit der spektrochemischen Analyse von Gefügebestandteilen des Stahles
1956, 32 Seiten, 8 Abb., 2 Tabellen, DM 7,80

HEFT 245
Prof. Dr.-Ing. habil. K. Krekeler, Aachen
Das Verbinden von Metallen durch Kunstharzkleber. Teil I: Eigenschaften und Verwendung der Metallklebstoffe *1956, 48 Seiten, 8 Abb., DM 10,25*

HEFT 246
Prof. Dr.-Ing. habil. K. Krekeler, Aachen
Das Verbinden von Metallen durch Kunstharzkleber. Teil II: Untersuchungen an geklebten Leichtmetall-Verbindungen *1956, 80 Seiten, 40 Abb., DM 17,50*

HEFT 247
Dr. H. Söhngen, Darmstadt
Strömung vor einem Überschall-Laufrad
1956, 26 Seiten, 4 Abb., DM 7,60

HEFT 248
Rheinische Aktiengesellschaft für Braunkohlenbergbau und Brikettfabrikation, Köln
Untersuchung der Bindemitteleigenschaften von Braunkohlenfilteraschen
1956, 176 Seiten, 26 Abb., 30 Tabellen, DM 35,60

HEFT 249
Dr. M.-E. Meffert, Essen
Weitere Kulturversuche Scenedesmus obliquus
1956, 36 Seiten, 5 Abb., 10 Tabellen, DM 8,—

HEFT 250
Dr. F. Schwarz und Dr.-Ing. K. Alberti, Köln
Entwicklung von Untersuchungsverfahren zur Gütebeurteilung von Industriekalken
1956, 36 Seiten, 9 Abb., DM 16,50

HEFT 251
Prof. Dr. H. Bittel, Münster
Zur Statistik der ferromagnetischen Elementarvorgänge und ihren Einfluß auf das Barkhausenrauschen
1956, 52 Seiten, 14 Abb., DM 11,65

HEFT 252
Dipl.-Ing. H. Frings, Geilenkirchen
Die Wirkung abfallender Wetterführung auf Wettertemperatur, Grubengasgehalt und Staubbildung
1957, 126 Seiten, 23 Abb., 13 Falttafeln, 38 Tab., DM 35,70

HEFT 253
Dipl.-Ing. S. Schirmanski, Berghausen
Stand und Auswertung der Forschungsarbeiten über Temperatur- und Feuchtigkeitsgrenzen bei der bergmännischen Arbeit
1957, 80 Seiten, 24 Abb., 12 Tab., DM 17,10

HEFT 254
Prof. Dr. R. Danneel, Bonn
Quantitative Untersuchungen über die Entwicklung des Ehrlich-Ascitestumors bei Inzuchtmäusen
1956, 52 Seiten, 17 Tabellen, DM 11,75

HEFT 255
Ing. B. v. Schlippe, Bad Nauheim
Strömung von Flüssigkeiten mit temperaturabhängiger Zähigkeit (Kühlung von Öfen)
1956, 54 Seiten, 12 Abb., 4 Tabellen, DM 11,70

HEFT 256
Prof. Dr. C. Schmieden und Dipl.-Math. K. H. Müller, Darmstadt
Die Strömung einer Quellstrecke im Halbraum — eine strenge Lösung der Navier-Stokes-Gleichungen
1956, 40 Seiten, 9 Abb., DM 8,80

HEFT 257
Prof. Dr. G. Lehmann und Dr. J. Tamm, Dortmund
Die Beeinflussung vegetativer Funktionen des Menschen durch Geräusche
1956, 48 Seiten, 25 Abb., 3 Tabellen, DM 11,20

HEFT 258
Dr. H. Paul, Linz (Rhein), und Prof. Dr. O. Graf, Dortmund
Zur Frage der Unfälle im Bergbau
1956, 52 Seiten, 9 Abb., 22 Tabellen, DM 11,20

HEFT 259
Prof. D. W. Linke, Aachen
Strömungsvorgänge in künstlich belüfteten Räumen
1956, 52 Seiten, 37 Abb., 1 Tabelle, DM 11,80

HEFT 260
Prof. Dr. W. Kast, Freiburg (Br.), Prof. Dr. A. H. Stuart und Dipl.-Phys. H. G. Fendler, Hannover
Lichtstreuungsmessungen an Lösungen hochpolymerer Stoffe
1956, 70 Seiten, 25 Abb., 5 Tabellen, DM 15,60

HEFT 261
Prof. Dr. W. Kast, Freiburg (Br.)
Feinstruktur-Untersuchungen an künstlichen Zellulosefasern verschiedener Herstellungsverfahren. Teil II: Der Kristallisationszustand
1956, 80 Seiten, 27 Abb., 11 Tabellen, DM 17,20

HEFT 262
Dr.-Ing. W. Batel, Aachen
Untersuchungen zur Absiebung feuchter, feinkörniger Haufwerke und Schwingsieben
1956, 100 Seiten, 45 Abb., 5 Tabellen, DM 23,40

HEFT 263
Dr. H. Lange und Dipl.-Phys. R. Kohlhaas, Köln
Über die Wärmeleitfähigkeit von Stählen bei hohen Temperaturen: Teil I: Literaturbericht
1956, 48 Seiten, 26 Abb., 8 Tabellen, DM 10,70

HEFT 264
Prof. Dr. W. Weizel, Bonn
Durch schnelle Funkenzusammenbrüche ausgelöste Signale auf einer Leitung
1956, 26 Seiten, 4 Abb., 3 Tabellen, DM 6,10

HEFT 265
Prof. Dr. F. Micheel und Dr. R. Engel, Münster
Eine Apparatur zur elektrophoretischen Trennung von Stoffgemischen
1956, 38 Seiten, 21 Abb., DM 9,20

HEFT 266
Fliesen-Beratungsstelle Bad Godesberg-Mehlem
Güteeigenschaften keramischer Wand- und Bodenfliesen und deren Prüfmethoden
1956, 32 Seiten, DM 7,10

HEFT 267
Prof. Dr. W. Weizel und B. Brandt, Bonn
Zur Stabilität stromstarker Glimmentladungen
1956, 36 Seiten, 7 Abb., DM 8,40

WESTDEUTSCHER VERLAG · KÖLN UND OPLADEN

HEFT 268
Prof. Dr.-Ing. G. Vogelpohl, Göttingen
Über die Tragfähigkeit von Gleitlagern und ihre Berechnung
1956, 76 Seiten, 24 Abb., 7 Tabellen, DM 16,85

HEFT 269
Markscheider R. Bals, Bochum
Eignung des Gebirgsankerausbaus zur Erleichterung des Streckenvortriebs im Steinkohlenbergbau
1956, 84 Seiten, 41 Abb., DM 18,75

HEFT 270
Dr. H. Krebs und Mitarbeiter, Bonn
Die Trennung von Racematen auf chromatographischem Wege
1956, 62 Seiten, 18 Tabellen, DM 12,95

HEFT 271
Prof. Dr.-Ing. H. Opitz und Dipl.-Ing. H. Axer, Aachen
Beeinflussung des Verschleißverhaltens bei spanenden Werkzeugen durch flüssige und gasförmige Kühlmittel und elektrische Maßnahmen
1956, 46 Seiten, 28 Abb., DM 10,70

HEFT 272
Prof. Dr. W. Fuchs und Dr. H. Dresia, Aachen
Untersuchungen über die Schnellverbrennung und Schnellvergasung fester Brennstoffe
1956, 56 Seiten, 14 Abb., 3 Tabellen, DM 11,90

HEFT 273
Fa. K. W. Tacke G.m.b.H., Wuppertal-Barmen
Erfahrungen beim Verspinnen von Perlonfasern und bei der Herstellung von Trikotagen aus gesponnenem Perlon
1956, 36 Seiten, DM 7,90

HEFT 274
Prof. Dr.-Ing. K. Krekeler, Aachen
Qualitative Untersuchungen bei Verbindungsschweißungen mittels Lichtbogenschweißautomaten unter Verwendung von Blankdraht und Zugabe von ferromagnetischem Pulver als Umhüllung
1956, 68 Seiten, 40 Abb., 8 Tabellen, DM 15,45

HEFT 275
Prof. Dr.-Ing. habil. K. Krekeler, Aachen, und Dipl.-Ing. H. Verhoeven, Aachen
Quantitative Untersuchungen von Punktschweißverbindungen an Tiefzieh- und Aluminiumblechen, die nach dem Argonarc-Punktschweißverfahren hergestellt werden
1956, 64 Seiten, 45 Abb., DM 14,60

HEFT 276
Fa. E. Haage, Mülheim (Ruhr)
Entwicklungsarbeiten im Apparatebau für Laboratorien
1956, 48 Seiten, 18 Abb., DM 10,50

HEFT 277
Dr.-Ing. W. Müchler, Essen
Untersuchung und zahlenmäßige Bestimmung der Schneideigenschaften von Messern mit besonderer Berücksichtigung rostfreier Messerstähle
1956, 60 Seiten, 27 Abb., 5 Tabellen, DM 13,20

HEFT 278
Dipl.-Ing. J. Stelter und Dipl.-Ing. H. Kickert, Aachen
I. Sichtbarmachung von Ultraschallfeldern unter Verwendung photographischer Emulsionsschichten
II. Methode zur Bestimmung der wirklichen Temperaturverhältnisse in Flüssigkeiten während der Beschallung (Nach einer Diplom-Arbeit von H. Schnitzler)
1956, 54 Seiten, 24 Abb., DM 12,75

HEFT 279
Dr. F. Keune, Aachen
Der gewölbte und verwundene Tragflügel ohne Dicke in Schallnähe
1956, 42 Seiten, 15 Abb., DM 9,25

HEFT 280
Dipl.-Ing. J. Stelter und Dipl.-Ing. E. Pfende, Aachen
Über Störerscheinungen bei Schallgeschwindigkeitsmessungen mittels der Interferometermethode
1956, 42 Seiten, 13 Abb., DM 9,60

HEFT 281
Prof. Dr.-Ing. K. Lürenbaum, Aachen
Der Meßwagen des Instituts für Maschinen-Dynamik der Deutschen Versuchsanstalt für Luftfahrt, Aachen
1956, 34 Seiten, 17 Abb., DM 8,60

HEFT 282
Bergrat a. D. Scherer, Bochum
Das B. T.-Schwelverfahren und seine Anwendung auf der Anlage Marienau
1956, 44 Seiten, 7 Abb., DM 9,60

HEFT 283
Prof. Dr. F. Wever und Dr.-Ing. W. Lueg, Düsseldorf
Warmstauchversuche zur Ermittlung der Formänderungsfestigkeit von Gesenkschmiede-Stählen
1956, 44 Seiten, 19 Abb., DM 9,90

Heft 284
Prof. Dr. F. Wever, Düsseldorf, Dr.-Ing. H. J. Wiester, Essen, Dr.-Ing. F. W. Straßburg, Duisburg, Prof. Dr.-Ing. H. Opitz, Aachen, und Dr.-Ing. K. H. Fröhlich, Köln
Einfluß des Gefüges auf die Zerspanbarkeit von Einsatz- und Vergütungsstählen
1957, 88 Seiten, 126 Abb., 11 Tab., DM 22,45

HEFT 285
Prof. Dr.-Ing. O. Kienzle, Dr.-Ing. K. Lange, Hannover, und Dipl.-Ing. H. Meinert, Osterode
Einfluß der Oberfläche auf das Verschleißverhalten von Schmiedegesenken
1956, 62 Seiten, 29 Abb., 8 Tabellen, DM 14,60

HEFT 286
Dr.-Ing. K. Lange, Hannover, Dipl.-Ing. H. Meinert, Osterode, unter Mitarbeit von Dr.-Ing. H. Arend, Mülheim (Ruhr)
Verschleißverhalten hartverchromter Schmiedegesenke
1956, 74 Seiten, 53 Abb., 6 Tabellen, DM 17,65

HEFT 287
Prof. Dr.-Ing. habil. K. Krekeler, Aachen
Änderungen der mechanischen Eigenschaftswerte thermoplastischer Kunststoffe bei Beanspruchung in verschiedenen Medien
1956, 62 Seiten, 23 Abb., 5 Tabellen, DM 13,70

HEFT 288
Dr. K. Brücker-Steinkuhl, Düsseldorf
Anwendung mathematisch-statischer Verfahren in der Industrie
1956, 103 Seiten, 27 Abb., 14 Tabellen, DM 24,20

HEFT 289
Prof. Dr.-Ing. H. Winterhager, Aachen
Kombinierter Widerstands- und Lichtbogen-Vakuumofen zur Verarbeitung von Titanschwamm
Prof. Dr. Dr. h. c. R. Schwarz, Aachen
Erforschung neuer Wege zur Darstellung von Titanmetall
1957, 42 Seiten, 18 Abb., DM 9,70

HEFT 290
Dr. D. Horstmann, Düsseldorf
I. Der verstärkte Angriff des Zinks auf Eisen im Temperaturgebiet um 500° C
II. Einfluß eines Antimongehaltes auf den Angriff von Zinkschmelzen auf Eisen
1956, 48 Seiten, 33 Abb., 3 Tabellen, DM 11,90

HEFT 291
Dr.-Ing. H. J. Wiester und Dr. D. Horstmann, Düsseldorf
Der Angriff eisengesättigter Zinkschmelzen auf silizium- und manganhaltiges Eisen
1956, 52 Seiten, 45 Abb., 8 Tabellen, DM 12,60

HEFT 292
Dipl.-Ing. W. Rohs und Text.-Ing. H. Griese, Bielefeld
Webversuche an Leinenwebstühlen mit verbesserter Schaftbewegung
1956, 34 Seiten, 3 Abb., 2 Tabellen, DM 7,60

HEFT 293
Prof. J. W. Korte, unter Mitarbeit von Dipl.-Ing. P. A. Mäcke und Dipl.-Ing. W. Leutzbach, Aachen
Die Leistungsfähigkeit von Verkehrsanlagen des motorisierten städtischen Straßenverkehrs
1956, 98 Seiten, 35 Abb., 5 Tabellen, 1 Falttafel, DM 22,50

HEFT 294
Dipl.-Ing. B. Naendorf, Essen
Untersuchungen industrieller Gasbrenner
1956, 58 Seiten, 6 Abb., 3 Tabellen, DM 12,40

HEFT 295
Prof. Dr.-Ing. H. Opitz und Dipl.-Ing. H. Axer, Aachen
Untersuchung und Weiterentwicklung neuartiger elektrischer Bearbeitungsverfahren
1956, 42 Seiten, 27 Abb., DM 10,30

HEFT 296
Prof. Dr.-Ing. H. Opitz, Aachen
I. Untersuchungen an elektronischen Regelantrieben
II. Statische Untersuchungen zur Ausnutzung von Drehbänken
1956, 46 Seiten, 18 Abb., DM 10,40

HEFT 297
Dr. K. Schaarwächter, Düsseldorf
Die Reduktion von Siliziumtetrachlorid im Lichtbogen zur nachfolgenden Silizierung von Eisenblechen
1958, 30 Seiten, 12 Abb., DM 8,20

HEFT 298
Prof. Dr.-Ing. E. Oehler, Aachen
Untersuchung von kritischen Drehzahlen, die durch Kreiselmomente verursacht werden
1956, 50 Seiten, 35 Abb., DM 13,15

HEFT 299
Dr. J. Fassbender und W. Hoppe, Bonn
Eine photoelektrische Nachlauteinrichtung für Analogie-Rechenmaschinen
1956, 20 Seiten, 8 Abb., DM 7,65

HEFT 300
Prof. Dr. E. Schütz und Privatdozent Dr. H. Caspers, Münster
Tierexperimentelle Untersuchungen über die Alkoholwirkungen auf Erregbarkeit und bioelektrische Spontanaktivität der Hirnrinde
1956, 44 Seiten, 6 Abb., 1 Tabelle, DM 9,55

HEFT 301
Prof. Dr. W. Weltzien, Dr. G. Cossmann und P. Diehl, Krefeld
Über die fraktionierte Füllung von Polyamiden (II)
1956, 54 Seiten, 1 Abb., 16 Tabellen, DM 11,30

HEFT 302
Prof. Dr.-Ing. W. Wegener und Dipl.-Ing. W. Zahn, Aachen
Untersuchungen von gesponnenen Garnen auf ihre Gleichmäßigkeit nach verschiedenen Meßmethoden
1957, 58 Seiten, 34 Abb., DM 15,20

HEFT 303
Prof. Dr. Ing. S. Kiesskalt, Aachen
Das Institut der Forschungsgesellschaft Verfahrenstechnik e. V. an der Technischen Hochschule Aachen
1956, 76 Seiten, 20 Abb., 3 Tabellen, DM 16,40

HEFT 304
Prof. Dr.-Ing. K. Krekeler, Düsseldorf, und Dipl.-Ing. A. Kleine-Albers, Aachen
Beitrag zur thermoelastischen Warmformbarkeit von Hart-PVC
1957, 72 Seiten, 29 Abb., DM 17,70

HEFT 305
Prof. Dr.-Ing. K. Krekeler, Düsseldorf, Dr.-Ing. H. Peukert, Aachen, und Dipl.-Ing. W. Schmitz, Siegburg
Heißgas-Schweißung von Hart-Polyvinylchlorid mit Zusatzwerkstoff
1956, 44 Seiten, 27 Abb., 5 Tabellen, DM 12,50

HEFT 306
Prof. Dr. B. Rensch, Münster
Elektrophysiologische Untersuchungen zur Analysierung der Bildung von Assoziationen und Gedächtnisspuren in Gehirn und Rückenmark
Prof. Dr. A. Loeser, Münster
Akute und chronische Giftwirkungen sauerstoffhaltiger Lösungsmittel
1956, 36 Seiten, 9 Abb., DM 8,90

HEFT 307
Privatdozent Dr. J. Juilfs, Krefeld
Vergleichende Untersuchungen zur elastischen und bleibenden Dehnung von Fasern
1956, 36 Seiten, 11 Abb., DM 8,30

HEFT 308
Privatdozent Dr. J. Juilfs, Krefeld
Zur Messung der Fadenglätte
1956, 22 Seiten, 10 Abb., 2 Tabellen, DM 8,—

HEFT 309
Prof. Dr. K. Cruse und Mitarbeiter, Clausthal-Zellerfeld
Aufbau und Arbeitsweise eines universell verwendbaren Hochfrequenz-Titrationsgerätes
1957, 48 Seiten, 29 Abb., DM 11,90

HEFT 310
Dr. P. F. Müller, Bonn
Die Integrieranlage des Rheinisch-Westfälischen Instituts für Instrumentelle Mathematik in Bonn
1956, 62 Seiten, 6 Abb., 30 Satzskizzen, DM 14,45

HEFT 311
Prof. Dr. F. Wever und Dr. M. Hempel, Düsseldorf
Dauerschwingfestigkeit von Stählen bei erhöhten Temperaturen
Teil I: Erkenntnisse aus bisherigen Dauerschwingversuchen in der Wärme
1956, 48 Seiten, 19 Abb., 2 Tabellen, DM 10,90

HEFT 312
Prof. Dr. F. Wever und Dr. M. Hempel, Düsseldorf
Dauerschwingfestigkeit von Stählen bei erhöhten Temperaturen
Teil II: Zug-Druck-Dauerschwingversuche an zwei warmfesten Stählen bei Temperaturen von 500 bis 650°
1956, 48 Seiten, 20 Abb., 3 Tabellen, DM 13,—

HEFT 313
Prof. Dr. F. Wever, Dr. W. Koch und
Dipl.-Phys. H. Rohde, Düsseldorf
Änderungen des Babitus und der Gitterkonstanten des
Zementits in Chromstählen bei verschiedenen Wärmebehandlungen
1956, 88 Seiten, 29 Abb., 8 Tabellen, DM 20,90

HEFT 314
Prof. Dr. F. Wever, Dr.-Ing. A. Krisch, Düsseldorf,
und Dr.-Ing. H.-J. Wiester, Essen
Veränderungen im Gefügeaufbau von Chrom-Nickel-
Molybdän-Stählen bei langzeitiger Beanspruchung im
Zeitstandversuch bei 500°
1956, 48 Seiten, 26 Abb., 5 Tabellen, DM 11,70

HEFT 315
Prof. Dr. F. Wever und Dr.-Ing. A. Krisch, Düsseldorf
Metallkundliche Untersuchungen an Zeitstandproben
1956, 38 Seiten, 12 Abb., DM 9,15

HEFT 316
Dr. F. Keune, Aachen
Zusammenfassende Darstellung und Erweiterung des
Aequivalenzsatzes für schallnahe Strömung
1956, 80 Seiten, 22 Abb., DM 17,90

HEFT 317
Dr.-Ing. J. Stelter, Aachen
Mikrobiologische Ultraschallwirkungen
1957, 106 Seiten, 41 Abb., 12 Tab., DM 23,90

HEFT 318
Dipl.-Ing. H. Kickert, Aachen
Über die Ausbreitung von Ultraschall in Luft
1957, 78 Seiten, 51 Abb., 7 Tab., DM 19,20

HEFT 319
Prof. Dr. C. Kröger, Aachen
Gemengereaktionen und Glasschmelze
1957, 118 Seiten, 53 Abb., 16 Tab., DM 26,—

HEFT 320
Dr. H.-E. Caspary, Köln
Verwendung von Szintillationszählern an Stelle von
Zählrohren zur zerstörungsfreien Materialprüfung
1956, 42 Seiten, 13 Abb., 2 Tabellen, DM 10,10

HEFT 321
Prof. Dr. F. Wever, Düsseldorf, und
Dr. W. Wepner, Köln
Gleichzeitige Bestimmung kleiner Kohlenstoff- und
Stickstoffgehalte in a-Eisen durch Dämpfungsmessung
1956, 30 Seiten, 3 Abb., 4 Tabellen, DM 6,80

HEFT 322
Prof. Dr.-Ing. F. Bollenrath und
Dipl.-Ing. W. Domke, Aachen
Eigenspannungen in vergüteten, dickwandigen Stahlzylindern nach Oberflächenhärtung mit induktiver Erwärmung
1956, 30 Seiten, 9 Abb., 2 Tabellen, DM 6,90

HEFT 323
Prof. Dr. R. Seyffert, Köln
Wege und Kosten der Distribution der Textilien, Schuh- und Lederwaren
1956, 98 Seiten, 37 Tabellen, 1 Falttaf., DM 12,—

HEFT 324
Prof. Dr.-Ing. H. Opitz, Dr.-Ing. E. Saljé und
Dipl.-Ing. K. E. Schwartz, Aachen
Richtwerte für das Außenrund-Längs- und Einstechschleifen
1956, 62 Seiten, 44 Abb., 2 Tabellen, DM 13,85

HEFT 325
Prof. Dr. E. Schratz, Münster
Pharmakognostische Untersuchungen am Medizinal-Rhabarber
1957, 62 Seiten, 29 Abb., 3 Tabellen, DM 17,90

HEFT 326
Prof. Dr.-Ing. E. Essers und Mitarbeiter, Aachen
Deichselkräfte an Lastzügen
1957, 96 Seiten, 34 Abb., DM 22,10

HEFT 327
Prof. Dr.-Ing. habil. K. Krekeler und
Dr.-Ing. H. Peukert, Aachen
Beitrag zur thermoelastischen Formbarkeit von Polyäthylen
1956, 56 Seiten, 49 Abb., 9 Tabellen, DM 12,80

HEFT 328
Dr. H. Maeder, Belo Horizonte
Schweißen von Temperguß
1957, 92 Seiten, 59 Abb., 42 Tabellen, DM 25,50

HEFT 329
Dipl.-Ing. A. Krüger, Karlsruhe, und Feuerwehr-Ing.
R. Radusch, Dortmund
Wasserzerstäubung im Strahlrohr
1956, 86 Seiten, 21 Abb., 3 Tabellen, DM 18,65

HEFT 330
Dipl.-Physiker E. Pepping, Aachen
Die Durchflußzahl des Rechteckschlitzes in einer sehr großen Wand
1957, 54 Seiten, 21 Abb., DM 12,35

HEFT 331
Dipl.-Ing. G. Bretschneider, Ruit
Die Messung der wiederkehrenden Spannung mit Hilfe des Netzmodelles
1957, 46 Seiten, 21 Abb., 2 Tab., DM 11,20

HEFT 332
Prof. Dr.-Ing. R. Jaeckel und Dr. G. Reich, Bonn
Messung von Dampfdrucken im Gebiet unter 10^{-2} Torr
1956, 42 Seiten, 16 Abb., 2 Tabellen, DM 10,40

HEFT 333
Prof. Dr.-Ing. W. Sturtzel und
Dr.-Ing. W. Graff, Duisburg
I. Der Flachwassereinfluß auf den Form- und Reibungswiderstand von Binnenschiffen
II. Der Flachwassereinfluß auf die Nachstrom- und Sogverhältnisse bei Binnenschiffen
1956, 44 Seiten, 14 Abb., DM 9,80

HEFT 334
Prof. Dr. W. Weizel und Dr. G. Meister, Bonn
Spektralanalyse durch Messung des Interferenz-Kontrastes
1956, 42 Seiten, DM 9,30

HEFT 335
Prof. Dr. W. Weizel und H. Hornberg, Bonn
Untersuchungen der anodischen Teile einer Glimmentladung
1957, 62 Seiten, 14 Farbabb., 21 Abb., 1 Tab., DM 32,80

HEFT 336
Dr. Tung-ping Yao, Aachen
Die Viskosität metallischer Schmelzen
1957, 64 Seiten, 28 Abb., 2 Tab., DM 14,40

HEFT 337
Dr. R. Hoeppener und Dr. W. Bierther, Bonn
Tektonik und Lagerstätten im Rheinischen Schiefergebirge
1957, 66 Seiten, 14 Abb., DM 16,25

HEFT 338
Prof. Dr.-Ing. W. Wegener, Aachen, und
Dipl.-Ing. J. Schneider, M.-Gladbach
Die Bedeutung der Knotenart für die Herabminderung der Fadenbrüche
1957, 40 Seiten, 6 Abb., DM 9,80

HEFT 339
Prof. Dr.-Ing. W. Wegener und
Dipl.-Ing. W. Zahn, Aachen
Vergleich des normalen mit verschiedenen abgekürzten Baumwollspinnverfahren in bezug auf Gleichmäßigkeit und Sortierungsstreuung der Garne
1956, 56 Seiten, 17 Abb., 17 Tabellen, DM 12,70

HEFT 340
Dipl.-Ing. W. Rohs und Dipl.-Ing. R. Otto, Bielefeld
Das Naßspinnen von Bastfasergarnen mit Spinnbadzusätzen unter Ausnutzung einer zentralen Spinnwasserversorgungsanlage
1956, 56 Seiten, 2 Abb., 6 Tabellen, DM 11,60

HEFT 341
Prof. Dr.-Ing. H. Winterhager und Dipl.-Ing. L. Werner, Aachen
Präzisions-Meßverfahren zur Bestimmung des elektrischen Leitvermögens geschmolzener Salze
1956, 44 Seiten, 19 Abb., 1 Tabelle, DM 10,60

HEFT 342
Prof. Dr.-Ing. H. Winterhager und Dipl.-Ing. W. Barthel, Aachen
Die Gewinnung von Titanschlackenkonzentraten aus eisenreichen Ilemniten
1957, 60 Seiten, 30 Abb., 6 Tab., DM 13,30

HEFT 343
Prof. Dr.-Ing. W. Petersen, Aachen, und Dipl.-Ing.
S. Wawroschek, Aachen
Die zweckmäßigsten Gütebestimmungsverfahren und Brikettierungsbedingungen bei der Erzeugung von Braunkohlen-Eisenerz-Briketts
1956, 64 Seiten, 28 Abb., DM 13,95

HEFT 344
Prof. Dr.-Ing. W. Fucks, Aachen
Zur Deutung einfachster mathematischer Sprachcharakteristiken
1956, 38 Seiten, 12 Abb., DM 7,80

HEFT 345
Dipl.-Ing. G. Cerbe und Dipl.-Ing. H. Monstadt, Essen
Konvektive Trocknung mit gasgeheizter Luft und Trocknung durch Gasstrahler
1957, 46 Seiten, 16 Abb., DM 10,40

HEFT 346
Dipl.-Ing. O. Arnold, Aachen
Erfahrungen mit Kernbohrungen zur Lagerstättenuntersuchung im Erzbergbau
1957, 36 Seiten, 2 Abb., 3 Falttaf. 6 Tab., DM 8,80

HEFT 347
S. Ruff, F. Kipp, H. Hansteen und G. Müller, Bonn
Untersuchungen zur Frage der Gehörschädigungen des fliegenden Personals der Propellerflugzeuge
1957, 50 Seiten, 27 Abb., 3 Tab., DM 11,10

HEFT 348
Prof. Dr.-Ing. E. Piwowarsky
und Dr.-Ing. E. G. Nickel, Aachen
Metallurgie eines hochwertigen Gußeisens mit kompakter bis kugelförmiger Graphitausbildung
1957, 54 Seiten, 27 Abb., 5 Tab., DM 13,30

HEFT 349
Dr.-Ing. W. A. Fischer, Dr.-Ing. H. Treppschuh
und Dr.-Ing. K. E. Köthemann, Düsseldorf
Tiegel aus Schmelzmagnesia für Vakuuminduktionsöfen
1957, 34 Seiten, 14 Abb., DM 8,40

HEFT 350
Prof. Dr.-Ing. habil. K. Krekeler
und Dr.-Ing. H. Peukert, Aachen
Das Spannungsverhalten der Kunststoffe bei der Verarbeitung
1958, 32 Seiten, 12 Abb., DM 20,—

HEFT 351
Prof. Dr.-Ing. H. Opitz, Dipl.-Ing. H. Axer und
Dipl.-Ing. H. Rhode, Aachen
Zerspanbarkeit hochwarmfester und nichtrostender Stähle. Teil I
1957, 96 Seiten, 73 Abb., 2 Tab., DM 21,80

HEFT 352
Dipl.-Ing. H. Fauser, Aachen
Fahrdynamik und Batterie-Arbeitsverbrauch von Akkumulatorenlokomotiven im Untertagebetrieb
1957, 152 Seiten, 78 Abb., DM 36,10

HEFT 353
Forschungsinstitut für Rationalisierung, Aachen
Schlagwortregister zur Rationalisierung
1957, 376 Seiten, DM 56,—

HEFT 354
Dipl.-Ing. D. Wagener, Aachen
Auswirkungen neuer Gaserzeugungs-Verfahren unter Berücksichtigung der Auswirkung auf den Kokereibetrieb
in Vorbereitung

HEFT 355
Prof. Dr.-Ing. habil. K. Krekeler, Dr.-Ing. H. Peukert und
Dipl.-Ing. A. Kleine-Albers, Aachen
Heißgas-Schweißungen von Weich-Polyvinylchlorid mit Zusatzwerkstoff
1957, 44 Seiten, 19 Abb., DM 11,—

HEFT 356
Dipl.-Phys. G. Gurke, Aachen
Aufbau einer Meßanlage für Untersuchungen elektrischer Gasentladung in den Bereiche großer p. d.-Werte
1956, 38 Seiten, 13 Abb., DM 8,65

HEFT 357
Prof. Dr.-Ing. W. Fucks, Aachen
Mathematische Analyse der Formalstruktur von Musik
1958, 54 Seiten, 29 Abb., 16 Tabellen, DM 13,60

HEFT 358
Prof. Dr. rer. nat. W. Weltzien, Dipl.-Chem. P. Ringel
und Text.-Ing. H. Kirchhoff, Krefeld
Die Waschechtheit von Färbungen. Vergleichende Untersuchungen auf dem Gebiete der Echtheitsprüfung
1958, 62 Seiten, 12 farb. Abb., DM 58,—

HEFT 359
Dr.-Ing. F. J. Meister, Düsseldorf
Veränderung der Hörschärfe, Lautheitsempfindung und Sprachaufnahme während des Arbeitsprozesses bei Lärmarbeitern
1957, 84 Seiten, 11 Abb., 40 Audiogramme, 41 Tab., DM 19,90

HEFT 360
Dr.-Ing. E. Barz, Remscheid
Fertigungsverfahren und Spannungsverlauf bei Kreissägeblättern für Holz
1957, 72 Seiten, 40 Abb., DM 17,—

HEFT 361
Dipl.-Ing. H. F. Klein, Aachen
Die nichtstationären Strömungsvorgänge und der Wärmeübergang in einem Schwingfeuergerät
1957, 84 Seiten, 34 Abb., 4 Falttafeln, DM 25,90

HEFT 362
Prof. Dr. med. G. Lehmann und Dipl.-Phys.
D. Dieckmann, Dortmund
Die Wirkung mechanischer Schwingungen (0,5 bis 100 Hertz) auf den Menschen
1957, 100 Seiten, 53 Abb., 6 Tab., DM 22,50

WESTDEUTSCHER VERLAG · KÖLN UND OPLADEN

HEFT 363
Dr.-Ing. U. Domm, Frankenthal (Pfalz)
Über eine Hypothese, die den Mechanismus der Turbulenz-Entstehung betrifft
1956, 28 Seiten, 4 Abb., DM 6,45

HEFT 364
Prof. Dr. Th. Beste, Köln
Die Mehrkosten bei der Herstellung ungängiger Erzeugnisse im Vergleich zur Herstellung vereinheitlichter Erzeugnisse
1957, 352 Seiten, DM 50,—

HEFT 365
Sozialforschungsstelle an der Universität Münster, Dortmund
Standort und Wohnort
1957, Textband: 350 Seiten, 28 Karten, 73 Tab.
Anlageband: 15 Karten, 21 Tab., DM 99,—

HEFT 366
Versuchsanstalt für Binnenschiffbau e. V., Duisburg
Bei Flachwasserfahrten durch die Strömungsverteilung am Boden und an den Seiten stattfindende Beeinflussung des Reibungswiderstandes von Schiffen
1957, 96 Seiten, 39 Abb., 28 Tab., DM 20,40

HEFT 367
Dr. rer. nat. D. Horstmann, Düsseldorf
Der Angriff eisengesättigter Zinkschmelzen auf kohlenstoff-, schwefel- und phosphorhaltiges Eisen
1957, 52 Seiten, 22 Abb., 6 Tab., DM 12,85

HEFT 368
Prof. Dr. phil. H. Kaiser, Dortmund
Entwicklung betriebsmäßiger spektrochemischer Analysenverfahren für technische Gläser
1957, 40 Seiten, 11 Abb., DM 9,10

HEFT 369
Prof. Dr.-Ing. R. Jaeckel und Dipl.-Phys. F. J. Schittko, Bonn
Gasabgabe von Werkstoffen ins Vakuum
1957, 48 Seiten, 20 Abb., 6 Tab., DM 13,30

HEFT 370
Dr. phil. habil. F. Schwarz, Köln
Physikochemische Grundlagen der Bildsamkeit von Kalken unter Einbeziehung des Begriffes der aktiven Oberfläche
in Vorbereitung

HEFT 371
Dr. phil. W. Lejeune, Köln
Beitrag zur statistischen Verifikation der Minderheiten-Theorie
1958, 80 Seiten, 14 Abb., DM 17,90

HEFT 372
Prof. Dr. phil. M. von Stackelberg, Bonn
Untersuchungen zur Ausarbeitung und Verbesserung von polarographischen Analysenmethoden. 2. Bericht
1957, 44 Seiten, 9 Abb., 7 Tab., DM 10,10

HEFT 373
Dipl.-Ing. H. J. Koch, Essen
Druckgasfeuerung — ein Verfahren zum Betrieb von Gasfeuerstätten
1957, 38 Seiten, 8 Abb., 10 Tab., DM 8,50

HEFT 374
Dr. E. Paproth, Krefeld
Paläontologische Bearbeitung der in den devonischen Schichten des Siegerlandes enthaltenen Faunen
1957, 38 Seiten, 3 Tab., DM 8,30

HEFT 375
Technischer Überwachungsverein e. V., Essen
Wanddickenmessungen mittels radioaktiver Strahlen und Zählrohrgerät
1958, 38 Seiten, 15 Abb., DM 9,55

HEFT 376
Technischer Überwachungsverein e. V., Essen
Wasserumlaufprobleme an Hochdruckkesseln
1958, 140 Seiten, 56 Abb., 8 Tabellen DM 32,60

HEFT 377
Technischer Überwachungsverein e. V., Essen
Versuche an Wanderrostkesseln mit befeuchteter Verbrennungsluft
1958, 50 Seiten, 19 Abb., 3 Tabellen, DM 12,20

HEFT 378
Oberingenieur H. Stein, M.-Gladbach
Beobachtung und maßtechnische Erfassung der Vorgänge im Spinn- und Aufwindefeld von Ringspinn- und Ringzwirnmaschinen
1957, 104 Seiten, 88 Abb., 3 Tabellen, DM 26,90

HEFT 379
Laboratorium für textile Meßtechnik, M.-Gladbach
Schußfadenspannung beim Weben
1957, 76 Seiten, 17 Abb., 3 Tabellen, DM 18,60

HEFT 380
Dipl.-Phys. R. Trappenberg, Karlsruhe
Theoretische und experimentelle Untersuchungen zur Staubverteilung einer Rauchfahne
1957, 64 Seiten, 7 Abb., 18 Tabellen, DM 14,90

HEFT 381
Dr. J. Juilfs, Krefeld
Zur Dichtebestimmung von Fasern. Methoden und Beispiele der praktischen Anwendung
1957, 76 Seiten, 34 Abb., 18 Tabellen, DM 17,—

HEFT 382
Dr. phil. habil. P. Hölemann, Ing. R. Hasselmann und Ing. G. Dix, Dortmund
Die Messung von Flammen und Detonationsgeschwindigkeiten bei der explosiven Zersetzung von Acetylen in Rohren
1957, 36 Seiten, 7 Abb., 4 Tab., DM 8,10

HEFT 383
Dr. phil. habil. P. Hölemann und Ing. R. Hasselmann, Dortmund
Verlauf von Azetylenexplosionen in Rohren bei Gegenwart von porösen Massen
1957, 68 Seiten, 10 Abb., 15 Tabellen, DM 16,60

HEFT 384
Prof. Dr.-Ing. H. Opitz, Aachen
Schwingungsuntersuchungen an Werkzeugmaschinen
in Vorbereitung

HEFT 385
Prof. Dr.-Ing. H. Opitz, Aachen
Zerspanbarkeit hochwarmfester und nichtrostender Stähle. Teil II
1957, 86 Seiten, 54 Abb., 5 Tabellen, DM 19,30

HEFT 386
Prof. Dr.-Ing. H. Opitz, Aachen
Standzeituntersuchungen und Verschleißmessungen mit radioaktiven Isotopen
1958, 50 Seiten, 33 Abb., 3 Tab., DM 12,75

HEFT 387
Prof. Dr. med. W. Kikuth und Dozent Dr. med. L. Grün, Düsseldorf
Die Verhütung von Infektion durch Desinfektion des Raumes und der Raumluft
1957, 96 Seiten, 14 Abb., 20 Tab., DM 22,50

HEFT 388
Prof. Dr. rer. nat. habil. W. Baumeister und Dr. rer. nat. H. Burghardt, Münster
Die Bedeutung der Elemente Zink und Fluor für das Pflanzenwachstum
1957, 48 Seiten, 17 Tab. DM 10,20

HEFT 389
Prof. Dr.-Ing. habil. H. Fink und K. W. Hoppenhaus, Köln
Die biologische Eiweiß-Synthese von höheren und niederen Pilzen und die alimentäre Lebernekrose der Ratte
1957, 76 Seiten, 2 Abb., 24 Tab., DM 15,60

HEFT 390
Dr.-Ing. J. Endres und Dr.-Ing. G. Hiebel, München
Berechnung der optimalen Leistungen, Kraftstoffverbräuche und Wirkungsgrade von Luftfahrt-Gasturbinen-Triebwerken am Boden und in der Höhe bei Fluggeschwindigkeiten von 0–2000 km/h und bei vorgegebenen Düsenausströmgeschwindigkeiten
1958, 130 Seiten, 16 Abb., DM 24,90

HEFT 391
Prof. Dr. phil. F. Wever, Dr. phil. W. Koch und Dipl.-Chem. F. Stricker, Düsseldorf
Die quantitative spektrographische Analyse von Gasgemischen aus Kohlenmonoxyd, Wasserstoff und Stickstoff
1957, 48 Seiten, 21 Abb., 3 Tab., DM 11,30

HEFT 392
Prof. Dr. phil. F. Wever u. a., Düsseldorf
Untersuchungen über den Konverterrauch im Hinblick auf die spektrale Überwachung des Thomasprozesses
1957, 48 Seiten, 14 Abb., 4 Tab., DM 12,10

HEFT 393
Dr.-Ing. O. Viertel und S. Brückner-Lucas, Krefeld
Arbeitszeitstudien an Haushaltwaschmaschinen
1957, 74 Seiten, 8 Abb., 13 Tab., DM 17,30

HEFT 394
Privatdozent Dr. med. W. Koch, Münster
Die Ablagerung radioaktiver Substanzen im Knochen
1958, 264 Seiten, 147 Abb., DM 51,00

HEFT 395
Dipl.-Ing. L. Hahn, Clausthal-Zellerfeld
Untersuchungen zur Frage des optimalen Bohrloch- und Patronendurchmessers
1957, 132 Seiten, 49 Abb., 19 Tab., DM 31,25

HEFT 396
Prof. Dr.-Ing. F. Schultz-Grunow, Dr.-Ing. A. Jogerich, Essen, Dipl.-Ing. H. Meyer, cand. ing. P. Sand, Aachen
Untersuchungen des Luftwiderstandes von Güterwagen
1957, 42 Seiten, 18 Abb., 5 Tab., DM 10,90

HEFT 397
Techn.-Wissenschaftliches Büro für die Bastfaserindustrie, Bielefeld
Ungleichmäßigkeiten in Bändern von Bastfaserkarden, ihre Ursachen und Auswirkungen
1957, 60 Seiten, 18 Abb., 1 Tab., DM 14,80

HEFT 398
Prof. Dr. habil. H. E. Schwiete, Aachen, u. a.
Einlagerungsversuche an synthetischem Mullit I. — Die Zusammensetzung der Schmelzphase in Schamottesteinen I
1957, 58 Seiten, 6 Abb., 9 Tab., DM 14,40

HEFT 399
Prof. Dr. habil. H. E. Schwiete und Dr.-Ing. R. Vinkeloe, Aachen
Möglichkeiten der quantitativen Mineralanalyse mit dem Zählrohrgerät unter besonderer Berücksichtigung der Mineralgehaltsbestimmung von Tonen
1958, 102 Seiten, 34 Abb., 1 Tabelle, DM 26,70

HEFT 400
Prof. Dr. phil. W. Fuchs und Dipl.-Chem. H. Weyerstrass, Aachen
Entwicklung eines Heißfilters zur Reinigung von Gichtgas eines mit Kohle betriebenen Niederschachtofens
1958, 88 Seiten, 30 Abb., DM 20,20

HEFT 401
Prof. Dr.-Ing. M. Lipp und Dipl.-Chem. G. Frielingsdorf, Aachen
Darstellung reaktionsfähiger Verbindungen des Camphansystems und Versuche zu deren Fluorierung
1957, 84 Seiten, DM 17,—

HEFT 402
Prof. Dr. W. Linke, Aachen
Die Wärmeübertragung durch Thermopane-Fenster
1958, 44 Seiten, 17 Abb., 2 Tabellen, DM 10,80

HEFT 403
Prof. Dr.-Ing. P. Denzel und Dipl.-Ing. W. Cremer, Aachen
Verbesserung der Benutzungsdauer der Höchstlast in ländlichen Netzen durch Anwendung elektrischer Geräte in der Landwirtschaft
1957, 46 Seiten, 23 Abb., DM 12,10

HEFT 404
Prof. Dr.-Ing. R. Jaeckel und Dipl.-Phys. F. Gross, Bonn
Die Löslichkeit von Gasen in schwerflüchtigen organischen Flüssigkeiten
1957, 46 Seiten, 17 Abb., 1 Tab., DM 11,50

HEFT 405
Prof. Dr.-Ing. H. Opitz und Dipl.-Ing. H. Schuler, Aachen
Untersuchungen für einen Wirtschaftlichkeitsvergleich der Feinbearbeitungsverfahren
1958, 72 Seiten, 43 Abb., DM 17,90

HEFT 406
W. Kirsch, Remscheid
Entwicklungsarbeiten auf dem Gebiete des Korrosionsschutzes
1957, 86 Seiten, 28 Abb., 11 Tabellen, DM 19,—

HEFT 407
Prof. Dr.-Ing. H. Schenk, Aachen, und Dr.-Ing. W. Wenzel, Bad Godesberg
Entwicklungsarbeiten auf dem Gebiete der Verhüttung von Erzstaub in Schmelzkammern
1957, 82 Seiten, 9 Abb., 18 Tabellen, DM 17,10

HEFT 408
Prof. Dr. phil. F. Wever, Dr.-Ing. W. Lueg und Dr.-Ing. H. G. Müller, Düsseldorf
Kraft- und Arbeitsbedarf beim Warmscheren von Stahl in Abhängigkeit von Temperatur und Schnittgeschwindigkeit
1957, 46 Seiten, 15 Abb., 3 Tab., DM 11,35

WESTDEUTSCHER VERLAG · KÖLN UND OPLADEN

HEFT 409
Prof. Dr. phil. F. Wever, Dr. phil. W. Koch, Dr. rer. nat.
Ch. Ilschner-Gensch und Dipl.-Phys. H. Rohde, Düsseldorf
Das Auftreten eines kubischen Nitrids in aluminiumlegierten Stählen
1957, 38 Seiten, 12 Abb., 3 Tabellen, DM 10,10

HEFT 410
Prof. Dr. phil. F. Wever, Prof. Dr. rer. techn. A. Kochendörfer, Dr. phil. nat. M. Hempel, Düsseldorf und Dipl.-Phys. E. Hillenhagen, Köln
Biegewechselversuche mit Flachproben aus Alpha-Eisen-Einkristallen zur Bestimmung der Wechselfestigkeit und der Gleitspuren
1957, 112 Seiten, 58 Abb., 3 Tabellen, DM 30,—

HEFT 411
Prof. Dr. W. Halbsguth und Dr. L. Sommer, Frankfurt/M.
Grundlegende Versuche zur Keimungsphysiologie von Pilzsporen
1957, 100 Seiten, 13 Abb., 32 Tabellen, DM 22,70

HEFT 412
Prof. Dr.-Ing. H. Opitz, Aachen
Kennwerte und Leistungsbedarf für Werkzeugmaschinengetriebe
1958, 72 Seiten, 35 Abb., DM 17,20

HEFT 413
Prof. Dr.-Ing. H. Opitz, Aachen
Richtwerte für das Fräsen von unlegierten und legierten Baustählen mit Hartmetall, Teil II
1957, 56 Seiten, 35 Abb., 4 Tabellen, DM 14,40

HEFT 414
Dr. med. H.-K. Parchwitz und Dr. med. C. Winkler, Bonn
Speicherung organischer Farbstoffe und künstlich radioaktiver Substanzen in Geschwülsten
1958, 46 Seiten, 14 Abb., DM 13,35

HEFT 415
Prof. Dr.-Ing. W. Paul, Dr. rer. nat. O. Osberghaus und Dipl.-Phys. E. Fischer, Bonn
Ein Ionenkäfig
1958, 56 Seiten, 18 Abb., DM 13,65

HEFT 416
Oberreg.-Gewerberat Dipl.-Ing. G. Steinicke, Hamburg
Die Wirkung von Lärm auf den Schlaf des Menschen
1957, 46 Seiten, 14 Abb., 8 Tab., DM 11,60

HEFT 417
Prof. Dr.-Ing. habil. E. Rößger, Berlin
I. Teil: Die Entwicklung des Weltluftverkehrs, Ergänzungsbericht 1954
II. Teil: Die zivile Luftfahrtpolitik der USA
1957, 230 Seiten, 6 Abb., 83 Tab., DM 48,—

HEFT 418
O. Gdaniec, Mülheim/Ruhr
Über die Randlochkarte als Hilfsmittel in der Dokumentation
1957, 44 Seiten, 15 Abb., 8 Tab., DM 10,10

HEFT 419
Dipl.-Ing. K. Brooks
Die Messungen der Reflexionseigenschaften künstlicher und natürlicher Materialien mit quasi-optischen Methoden bei Mikrowellen
1957, 78 Seiten, 52 Abb., DM 20,35

HEFT 420
Dipl.-Ing. M. Vogel, Oberpfaffenhofen
Das Spektralgebiet zwischen dem langwelligen Ultrarot und Mikrowellen
1957, 66 Seiten, 2 Abb., DM 13,50

HEFT 421
ORR Dipl.-Volkswirt Dr. H. Rogmann, Düsseldorf
Die Erforschung der Verkehrskonjunktur und der langzeitigen Dynamik in der Verkehrswirtschaft (Zusammenfassung der eingegangenen Stellungnahmen und Vorschläge)
1957, 168 Seiten, 3 Falttafeln, DM 26,60

HEFT 422
Prof. Dr.-Ing. K. Leist und Dipl.-Ing. W. Dettmering, Aachen
Prüfstände zur Messung der Druckverteilung an rotierenden Schaufeln
in Vorbereitung

HEFT 423
Prof. Dr.-Ing. K. Leist und Dr.-Ing. O. Thun, Aachen
Strömungsmessungen über Brennkammer-Wirkungsgrade
in Vorbereitung

HEFT 424
Prof. Dr.-Ing. K. Leist und Dipl.-Ing. I. Weber, Aachen
Spannungsoptische Untersuchungen von rotierenden Scheiben mit exzentrischen Bohrungen
1958, 74 Seiten, 80 Abb., 7 Tab., DM 22,65

HEFT 425
Dipl.-Ing. H. Lübke, Hamburg
Gasturbinen und Strahlantriebe für Hubschrauber
1958, 120 Seiten, 70 Abb., 9 Falttafeln, 1 Tab., DM 30,40

HEFT 426
Prof. Dr.-Ing. H. Opitz und Dipl.-Ing. W. Scholz, Aachen
Untersuchungen über den Räumvorgang
1957, 74 Seiten, 36 Abb., 7 Tab., DM 16,55

HEFT 427
Dr.-Ing. J. Endres, München
Kinematische Untersuchung eines Zweitakt-Hochleistungs-Dieseltriebwerks mit achsparallelen Zylindern und gegenläufigen Kolben
1958, 46 Seiten, 15 Abb., DM 11,55

HEFT 428
Dr.-Ing. J. Endres, München
Untersuchungen der Beschleunigungsverhältnisse eines Zweitakt-Hochleistungs-Dieseltriebwerks mit achsparallelen Zylindern und gegenläufigen Kolben
in Vorbereitung

HEFT 429
Prof. Dr. O. Kuhn, Köln
Selektive Wirkung verschiedener Stoffgruppen auf tierische Gewebe
1957, 54 Seiten, 32 Abb., DM 13,15

HEFT 430
Prof. Dr. G. Garbotz, Aachen und Dr.-Ing. G. Dress, Cadiz
Untersuchungen über das Kräftespiel an Flachbagger-Schneidwerkzeugen in Mittelsand und schwach bindigem, sandigem Schluff unter besonderer Berücksichtigung der Planierschilde und ebenen Schürfkübelschneiden
1958, 156 Seiten, 81 Abb., DM 37,50

HEFT 431
Prof. Dr.-Ing. H. Winterhager, Dr.-Ing. R. Kammel und Dipl.-Ing. W. Barthel, Aachen
Fortschritte auf dem Gebiet der Titanmetallurgie 1950—1955
1957, 160 Seiten, DM 34,50

HEFT 432
Dipl.-Phys. R. Werz, Bonn
Die Entwicklung einer Synchrozyklotron-Ionenquelle
1958, 122 Seiten, 90 Abb., 1 Tabelle, DM 30,30

HEFT 433
Dr.-Ing. G. Satlow, Aachen
Über einige physikalische und chemische Eigenschaften der Wolle von der gewaschenen Wolle bis zum Kammzug
1957, 72 Seiten, 15 Abb., 19 Tab., DM 15,25

HEFT 434
Dipl.-Ing. W. Rohs und Dr. J. Geurten, Bielefeld
Schlichten für Baumwollgarne
1957, 108 Seiten, 3 Abb., zahlreiche Tab., DM 23,70

HEFT 435
Dipl.-Ing. W. Rohs und Dipl.-Ing. L. Steinmetz, Bielefeld
Die Masseungleichmäßigkeit von Flachstreckenbändern in Abhängigkeit von Verzug und Dopplung
1957, 42 Seiten, 4 Abb., 2 Tabellen, DM 9,90

HEFT 436
Priv.-Doz. Dr. habil. J. Juilfs, Krefeld
Zur Bestimmung der Reißlast (Zugfestigkeit) von Fasern, Fäden und Garnen
in Vorbereitung

HEFT 437
Prof. Dr. G. Schmölders und Dr. I. Meyer, Köln
Geldwertbewußtsein und Münzpolitik. — Das sogenannte Gresham'sche Gesetz im Lichte der ökonomischen Verhaltensforschung
1957, 92 Seiten, DM 20,30

HEFT 438
Prof. Dr.-Ing. H. Winterhager und Dr.-Ing. L. Werner, Aachen
Bestimmung des elektrischen Leitvermögens geschmolzener Fluoride
1957, 52 Seiten, 18 Abb., 10 Tab., DM 11,90

HEFT 439
Prof. Dr. phil. H. Lange, Köln und Dr. rer. nat. R. Kohlhaas, Neuß/Rh.
Anwendung der thermomagnetischen Analyse zum Studium des Umwandlungsverhaltens von Eisenwerkstoffen im Temperaturbereich von —150°C bis +1500°C
1958, 108 Seiten, 72 Abb., 2 Tabellen, DM 27,10

HEFT 440
Dr.-Ing. H. Wolf, Aachen
Gekoppelte Hochfrequenzleitungen als Richtkoppler
1958, 122 Seiten, 44 Abb., DM 31,60

HEFT 441
Dr. phil. habil. P. Hölemann und Ing. R. Hasselmann, Düsseldorf
Messung des Temperatur- und Druckverlaufes beim Füllen und Entspannen von Dissousgas
1957, 52 Seiten, 6 Abb., 7 Tab., DM 11,25

HEFT 442
Dipl.-Ing. W. Rohs, Text.-Ing. Griese und Text.-Ing. W. Lauer, Bielefeld
Die Auswirkungen der Trocknungsart naßgesponnener Leinengarne auf deren Verarbeitungswirkungsgrad sowie auf die Festigkeits- und Dehnungseigenschaften der Garne und Gewebe
1957, 28 Seiten, 2 Abb., 3 Tab., DM 6,50

HEFT 443
Prof. Dr. phil. W. Weizel und K. Kluth, Bonn
Über die Struktur der positiven Gleitentladungen
1957, 44 Seiten, 30 Abb., DM 12,20

HEFT 444
Dr.-Ing. W. Wilhelm, Aachen
Einfluß der Saugrohrabmessung, der Einlaßsteuerlage und der Größe des Kurbelkastenvolumens auf den Ladungswechsel eines Einzylinder-Zweitakt-Dieselmotors
1958, 104 Seiten, 22 Abb., DM 22,40

HEFT 445
Dr.-Ing. E. Barz, Remscheid
Fertigungs- und Prüfverfahren für Feilen
vergriffen

HEFT 446
Dr. med. G. Schäfer
Glutationsstoffwechsel und Sauerstoffmangel
1957, 28 Seiten, 5 Tab., DM 6,40

HEFT 447
Prof. Dr.-Ing. F. Bollenrath, Aachen, Dr.-Ing. H. Füllenbach, Seesen/Harz und Dipl.-Ing. J. Schumacher, Neubeckum/Westf.
Entwicklung rationell arbeitender Spritzkabinen
1958, 56 Seiten, 26 Abb., DM 13,55

HEFT 448
Dr. med. C. Winkler, Bonn
Ein Koinzidenz-Szintillometer zum Zwecke der Schilddrüsenfunktionsdiagnostik und der Tumordiagnostik
1957, 32 Seiten, 12 Abb., DM 8,35

HEFT 449
Priv.-Doz. Oberbaurat Dr.-Ing. W. Meyer zur Capellen und Mitarbeiter, Aachen
Bewegungsverhältnisse an der geschränkten Schubkurbel
in Vorbereitung

HEFT 450
Prof. Dr.-Ing. W. Paul, Bonn, und Dipl.-Phys. H. P. Reinhard, M.-Gladbach
Das elektrische Massenfilter als Isotopentrenner
1958, 56 Seiten, 20 Abb., DM 13,50

HEFT 451
Prof. Dr. G. Schmölders, Köln
Rationalisierung und Steuersystem
1957, 78 Seiten, DM 17,15

HEFT 452
Prof. Dr. rer. nat. W. Weltzien und Dr. phil. K. Windeck, Krefeld
Veränderungen an Fasern bei der Bleiche mit Natriumchlorid und über einige Vergilbungserscheinungen
1957, 64 Seiten, 3 Abb., 13 Tabellen, DM 14,85

HEFT 453
Forschungsinstitut der Feuerfest-Industrie, Bonn
Die Arbeiten der technisch-wissenschaftlichen Kommission der PRE (Vereinigung der europäischen Feuerfest-Industrie)
1957, 62 Seiten, 9 Abb., 18 Tabellen, DM 14,75

HEFT 454
Dr.-Ing. W. Piepenburg, Dipl.-Ing. B. Bühling und Bauing. J. Behnke, Köln
Haftfestigkeit der Putzmörtel
1958, 128 Seiten, 6 Abb., 63 Tabellen, DM 28,30

WESTDEUTSCHER VERLAG · KÖLN UND OPLADEN

HEFT 455
Dr.-Ing. W. A. Fischer, Dr.-Ing. H. Treppschuh und Dipl.-Phys. K. H. Köthemann, Düsseldorf
Erschmelzung von Reinsteisen nach dem Kohlenstoffproduktionsverfahren und Kerbschlagzähigkeit-Temperatur-Kurven dieses Eisens
1957, 38 Seiten, 7 Abb., 6 Tabellen, DM 9,35

HEFT 456
Priv.-Doz. Dir. Dr.-Ing. K. Bungardt, Essen
Zeitstandversuche an austenitischen Stählen und Legierungen
in Vorbereitung

HEFT 457
Prof. Dr. phil. F. Wever, Düsseldorf und Dr. phil. W. Wepner, Köln
Dämpfungsmessungen an schwach gereckten Eisen-Kohlenstoff-Legierungen
1957, 34 Seiten, 7 Abb., 3 Tab., DM 8,40

HEFT 458
Prof. Dr.-Ing. H. Schenck und Dr.-Ing. E. Schmidtmann, Aachen
Das Frischen von Thomas-Roheisen mit Sauerstoff-Wasserdampf-Gemischen und die Eigenschaften der damit erblasenen Stähle
1957, 62 Seiten, 56 Abb., DM 16,35

HEFT 459
Prof. Dr. phil. F. Wever, Dr. phil. O. Krisement und Hanna Schädler, Düsseldorf
Ein isothermes Mikrokalorimeter zur kinetischen Messung von Umwandlungs- und Ausscheidungsvorgängen in Legierungen
1957, 44 Seiten, 14 Abb., DM 10,75

HEFT 460
Prof. Dr. phil. F. Wever und Dr. rer. nat. B. Ilschner, Düsseldorf
Ein isothermes Lösungskalorimeter zur Bestimmung thermo-dynamischer Zustandsgrößen von Legierungen
1957, 44 Seiten, 7 Abb., 4 Tabellen, DM 10,40

HEFT 461
Prof. Dr.-Ing. habil. E. Piwowarski †, Prof. Dr.-Ing. W. Patterson und Dipl.-Ing. F. W. Iske, Aachen
Verbesserung der Zähigkeitseigenschaften von Bessemer-Stahlguß
1958, 54 Seiten, 15 Abb., 16 Tabellen, DM 12,75

HEFT 462
Prof. Dr. rer. nat. J. Weissinger
Zur Aerodynamik des Ringflügels — II. Die Ruderwirkung
Zur Aerodynamik des Ringflügels — III. Der Einfluß der Profildicken
1957, 82 Seiten, 7 Abb., 6 Tabellen, DM 18,20

HEFT 463
Dipl.-Ing. G. Plüss, Essen-Steele
Die Aufteilung der verbrennlichen Bestandteile in Verbrennungsgasen auf CO und H_2 bei Verbrennung mit Luftunterschuß und bei Luftüberschuß und künstlicher Flammenkühlung
1957, 34 Seiten, 7 Abb., 2 Tabellen, DM 8,40

HEFT 464
Dr. phil. habil. P. Hölemann und Ing. R. Hasselmann, Dortmund
Die Möglichkeit der Zündung von Acetylen in Rohrleitungen beim Ausblasen mit Stickstoff
1957, 38 Seiten, 6 Abb., 6 Tabellen, DM 9,20

HEFT 465
Dr.-Ing. R. Koch, Köln
Amerikanische Fertigungsunterlagen und ihre Werkstattreifmachung für deutsche Betriebe
in Vorbereitung

HEFT 466
Prof. Dr.-Ing. J. Mathieu, Aachen
Überbetrieblicher Verfahrensvergleich
1958, 68 Seiten, 16 Abb., DM 16,65

HEFT 467
Prof. Dr. Dr. h. c. E. Klenk und Dr. phil. H. Faillard, Köln
Neue Erkenntnisse über den Mechanismus der Zellinfektion durch Influenzavirus
Die Bedeutung der Neuraminsäure als Zellreceptor für das Influenzavirus
1957, 52 Seiten, 5 Abb., DM 14,40

HEFT 468
Prof. Dr. med. Dr. med. dent. G. Korkhaus und Dr. med. R. Alfter, Bonn
Die Vakuumwurzelbehandlung
1958, 52 Seiten, 51 Abb., DM 16,55

HEFT 469
Dr. sc. agr. F. Riemann und Dipl.-Volksw. R. Hengstenberg, Göttingen
Zur Industrialisierung kleinbäuerlicher Räume
1957, 138 Seiten, 4 Karten, 23 Tab., DM 27,—

HEFT 470
O. Wehrmann
Hitzdrahtmessungen in einer aufgespaltenen Kármánschen Wirbelstraße
1957, 42 Seiten, 14 Abb., 4 Tabellen, DM 10,90

HEFT 471
Prof. Dr. phil. habil. A. Naumann, Dr.-Ing. A. Heyser und Dr. phil. Dipl.-Ing. W. Trommsdorf, Aachen
Der Überdruck-Windkanal in Aachen
1957, 44 Seiten, 20 Abb., DM 11,—

HEFT 472
Dipl.-Ing. A. Freitag, Essen-Steele
Verhalten von Katalytstrahlern bei Betrieb mit Luftvormischung zum Gas und der Verbrennung von Luft gegen eine Gasatmosphäre
1958, 44 Seiten, 18 Abb., 1 Tabelle, DM 11,10

HEFT 473
Prof. Dr. phil. F. Wever, Dr.-Ing. W. Lueg und Dipl.-Ing. P. Funke jr. Düsseldorf
Versuche an einer hydraulischen 25 t-Stangenziehbank
1957, 34 Seiten, 11 Abb., DM 8,95

HEFT 474
Dr.-Ing. R. Ibing und Dipl.-Ing. G. Meier, Hannover
Eichung und Entwicklung von Staubentnahmesonden
1958, 32 Seiten, 9 Abb., 2 Tabellen, DM 8,65

HEFT 475
Prof. Dipl.-Ing. W. Sturtzel, Obering. Helm und Dipl.-Ing. Heuser, Duisburg
Systematische Ruderversuche mit einem Schleppkahn und einem Binnenselbstfahrer vom Typ „Gustav Koenigs"
1958, 84 Seiten, 38 Abb., 4 Tabellen, DM 20,10

HEFT 476
Prof. Dipl.-Ing. W. Sturtzel und Dipl.-Ing. Schmidt-Stiebitz, Duisburg
Einfluß der Hinterschiffsform auf das Manövrieren von Schiffen auf flachem Wasser
in Vorbereitung

HEFT 477
Dr. K. Utermann, Dortmund
Freizeitprobleme bei der männlichen Jugend einer Zechengemeinde
1957, 56 Seiten, DM 12,75

HEFT 478
Prof. Dr.-Ing. habil. W. Petersen und Dr.-Ing. S. Wawroschek, Aachen
Brikettierungsversuche zur Erzeugung von Möllerbriketts unter Verwendung von Braunkohle
1957, 102 Seiten, 42 Abb., 6 Tabellen, DM 24,25

HEFT 479
Prof. Dr.-Ing. W. Wegener, Aachen, und Dipl.-Ing. H. Fourné, Aachen
Ursachen des Überschreitens der Toleranzgrenze nach oben oder unten (Meter pro Gramm) an der Strecke
1958, 60 Seiten, 17 Abb., 3 Tabellen, DM 14,60

HEFT 480
Dr. phil. K. Brücker-Steinkuhl, Düsseldorf
Anwendung mathematisch-statistischer Verfahren bei der Fabrikationsüberwachung
in Vorbereitung

HEFT 481
Oberbaurat Dr.-Ing. W. Meyer zur Capellen, Aachen
Fünf- und sechspunktige Geradführung in Sonderlagen des ebenen Gelenkvierecks
in Vorbereitung

HEFT 482
Dipl.-Ing. R. Pels-Leusden und Dr. K. Bergmann, Essen
Die Frostbeständigkeit von Ziegeln; Einflüsse der Materialzusammensetzung und des Brandes
1958, 84 Seiten, 31 Abb., 4 Tab., DM 20,45

HEFT 483
Prof. Dr.-Ing. habil. F. A. F. Schmidt, Aachen
Gemischbildungs-, Selbstzündungs- und Verbrennungsvorgänge als Grundlage für Entwicklungsarbeiten an Gasturbinenbrennkammern
in Vorbereitung

HEFT 484
Prof. Dr. habil. H. E. Schwiete und Dr. G. Schwiete, Aachen
Beitrag zur Struktur des Montmorillonit
in Vorbereitung

HEFT 485
Prof. Dr. phil. E. Jenckel, Aachen, Dr. H. Wilsing, Dormagen, Dr. H. Dörffurt, Wesseling/Bez. Köln und Dipl.-Phys. H. Rinkens, Eschweiler
Kristallisation der Hochpolymeren
in Vorbereitung

HEFT 486
Doz. Dr. med. E. Lerche und Dr. med. J. Schulze, Aachen
Hörermüdung und Adaptation im Tierexperiment
1958, 44 Seiten, 12 Abb., DM 10,55

HEFT 487
Prof. Dipl.-Ing. W. Blume, Duisburg
Festigkeitseigenschaften kombinierter Leichtbaustoffe im Hinblick auf die Verkehrstechnik, insbesondere des Flugzeugbaus
1958, 102 Seiten, 31 Abb., 2 Tabellen, DM 25,50

HEFT 488
Prof. Dr. habil. H. E. Schwiete und Dipl.-Chem. H. Westmark
Beitrag zur Kennzeichnung der Texturen von Schamottesteinen
1958, 62 Seiten, 34 Abb., 7 Tab., DM 16,80

HEFT 489
Dipl.-Math. K. H. Müller
Strenge Lösungen der Navier-Stokes-Gleichung für rotationssymmetrische Strömungen
1957, 64 Seiten, 23 Abb., DM 14,85

HEFT 490
Hauptstelle für Staub- und Silikosebekämpfung des Steinkohlenbergbauvereins, Essen-Rüttenscheid
Zur Staub- und Silikosebekämpfung im Steinkohlenbergbau
in Vorbereitung

HEFT 491
Prof. Dr. Fr. Lotze und K. Kötter, Münster
Chloridgehalte des oberen Emsgebietes und ihre Beziehungen zur Hydrogeologie
in Vorbereitung

HEFT 492
Prof.-Dr. phil. J. Meixner und B. Manz, Aachen
Zur Theorie der irreversiblen Prozesse in α-Eisen
1958, 22 Seiten, 1 Abb., DM 5,70

HEFT 493
Prof. Dr. phil. habil. A. Naumann und Dipl.-Ing. H. Pfeiffer, Aachen
Versuche an Wirbelstraßen hinter Zylindern bei hohen Geschwindigkeiten
1958, 46 Seiten, 19 Abb., DM 11,65

HEFT 494
Dipl.-Ing. W. Rohs und Text.-Ing. Griese, Bielefeld
Entwicklung und Erprobung eines verbesserten elektrischen Kettfadenwächtergeschirrs für die Leinen- und Halbleinenweberei
1957, 56 Seiten, 9 Abb., 11 Tabellen, DM 13,—

HEFT 495
Prof. Dr. phil. E. Asmus und Dr. rer. nat. H.-F. Kurandt, Berlin
Einige analytische Anwendungen der Zincke-Königschen Reaktion
1958, 46 Seiten, 14 Abb., 7 Tabellen, DM 11,45

HEFT 496
Dipl.-Chem. P. Vogel, Krefeld
Färberische Eigenschaften von zur Herstellung von Verdickungen in der Stoffdruckerei bestimmten Stoffen
1957, 38 Seiten, 3 Abb., 3 Tabellen, DM 9,30

HEFT 497
Oberarzt Dr. med. G. Mußgnug, Bottrop
Die Knochenveränderungen und der Knochenstoffwechsel beim Sudeck-Syndrom
1958, 58 Seiten, 18 Abb., DM 13,85

HEFT 498
Prof. Dr.-Ing. H. Zahn und Dr. rer. nat. W. Gerstner, Aachen
Herstellung säurefester technischer Gewebe
1957, 40 Seiten, 8 Tabellen, DM 9,65

HEFT 499
Priv.-Doz. Dr. J. Juilfs, Krefeld
Die Bestimmung des Wasserrückhaltevermögens (bzw. des Quellwertes) von Fasern
1958, 42 Seiten, 8 Abb., 8 Tabellen, DM 10,35

WESTDEUTSCHER VERLAG · KÖLN UND OPLADEN

HEFT 500
Priv.-Doz. Dr. J. Juilfs, Krefeld
Vergleichende Untersuchungen am Schopper-Scheuerprüfgerät
1958, 74 Seiten, 34 Abb., verschied. Tab., DM 18,10

HEFT 501
Dipl.-Ing. W. Rohs und Dr. J. Geurten, Bielefeld
Untersuchungen in der Leinengarnbleiche
1958, 50 Seiten, 5 Abb., 5 Tabellen, DM 11,50

HEFT 502
Prof. Dr. M. Diem und Dr. R. Trappenberg, Karlsruhe
Berechnung der Ausbreitung von Staub und Gas
1957, 200 Seiten, mit zahlreichen Diagr., DM 37,30

HEFT 503
Dr. rer. nat. J. Faßbender, Bonn
Untersuchungen über die Eigenschaften von Cadmiumsulfid-Sandwich-Zellen
1957, 36 Seiten, 8 Abb., DM 8,80

HEFT 504
Prof. Dr. phil. F. Wever, Dr. phil. W. Wink und Dr. rer. nat. W. Jellinghaus, Düsseldorf
Versuchsanordnung zur Messung der Suszeptibilität paramagnetischer Stoffe und Meßergebnisse an Nickel-Chrom- und Kobalt-Nickel-Chrom-Werkstoffen
1958, 38 Seiten, 10 Abb., 2 Tabellen, DM 9,95

HEFT 505
Prof. Dr.-Ing. F. A. F. Schmidt und Dipl.-Ing. H. Heitland, Aachen
Einfluß des Selbstzündungsverhaltens der Kraftstoffe auf den Verbrennungsablauf, Wirkungsgrad und Druckverlust von Hochleistungsbrennkammern
in Vorbereitung

HEFT 506
Prof. Dr.-Ing. W. Meyer zur Capellen, Aachen
Der Flächeninhalt von Koppelkurven. — Ein Beitrag zu ihrem Formenwandel
in Vorbereitung

HEFT 507
Prof. Dr. H. Kaiser, Dr. G. Bergmann und Dr. G. Gresze, Dortmund
Kartei zur Dokumentation in der Molekülspektroskopie
in Vorbereitung

HEFT 508
Dr. H. Schmidt-Ries, Krefeld
Limnologische Untersuchungen des Rheinstromes I (Hydrobiologische und physiographische Untersuchungen)
1958, 76 Seiten, DM 33,90

HEFT 509
Dr. Schmidt-Ries, Krefeld
Limnologische Untersuchungen des Rheinstromes I (Tabellenwerk)
in Vorbereitung

HEFT 510
Prof. Dr. rer. nat. W. Groth und Dr.-Ing. K. Bayerle, Bonn
Anreicherung der Uranisotope nach dem Gaszentrifugenverfahren
1958, 88 Seiten, 43 Abb., DM 21,20

HEFT 511
H. Wahl, G. Kantenwein und W. Schäfer, Essen
Gesteinsbohr-Modellversuche zur Frage des Drehbohrens, Schlagbohrens und Drehschlagbohrens
in Vorbereitung

HEFT 512
Prof. Dr. H. Strassl, Bonn
Azimut-Monogramme für alle Stundenwinkel und Deklinationen im Bereich der geographischen Breiten von —80° bis +80°
in Vorbereitung

HEFT 513
Prof. Dr. W. Schmitz und Dr. rer. F. Schmitt, Mülheim/Ruhr
Die Verwendung des Magnetbandgerätes zur Speicherung des Kurvenverlaufs elektrischer Ströme
1958, 68 Seiten, 35 Abb., DM 17,65

HEFT 514
Dr. rer. nat. M.-E. Meffert, Essen
Die Kultur von Scenedesmus obliquus in Abwasser
1957, 46 Seiten, 7 Abb., 7 Tabellen, DM 10,85

HEFT 515
Prof. Dr. habil. H. E. Schwiete und Dr.-Ing. Chr. Hummel, Aachen
Thermochemische Untersuchungen im System SiO_2 und $Na_2O—SiO_2$
1958, 122 Seiten, 29 Abb., 28 Tabellen, DM 28,00

HEFT 516
Prof. Dr.-Ing. H. Müller, Dipl.-Ing. F. Reinke und Dipl.-Ing. W. Sorgenicht, Essen
Gesamtstrahlungsmessungen der Temperaturstrahlung
in Vorbereitung

HEFT 517
Prof. Dr. med. G. Lehmann und Dr. med. J. Meyer-Delius, Dortmund
Gefäßreaktionen der Körperperipherie bei Schalleinwirkung
1958, 36 Seiten, 12 Abb., DM 9,15

HEFT 518
Dr.-Ing. H. Scheffler, Dortmund
Funktionelle Zusammenhänge der dynamischen Einflußgrößen beim handgeführten Druckluft-Abbauhammer und ihre Berücksichtigung für die Konstruktion rückstoßarmer Hämmer
in Vorbereitung

HEFT 519
Prof. Dr. phil. F. Wever, Dr. phil. W. Koch und Dr. phil. S. Eckhard, Düsseldorf
Die spektrographische Bestimmung der Spurenelemente in Stahl ohne vorherige Abbrennung
1958, 50 Seiten, 22 Abb., DM 12,60

HEFT 520
Prof. Dr.-Ing. H. Opitz, Dipl.-Ing. H. Obrig und Dipl.-Ing. P. Kips, Aachen
Untersuchung neuartiger elektrischer Bearbeitungsverfahren
1958, 58 Seiten, 35 Abb., DM 14,70

HEFT 521
Prof. Dr.-Ing. H. Opitz und Dipl.-Ing. K. E. Schwartz, Aachen
Das Abrichten von Schleifscheiben mit Diamanten
1958, 72 Seiten, 34 Abb., 3 Tabellen, DM 17,15

HEFT 522
J. Lorentz und K. Brocks
Elektrische Meßverfahren in der Geodäsie
1958, 118 Seiten, 49 Abb., 5 Tab., DM 28,—

HEFT 523
K. Eberts
Entwicklungen einiger Meßverfahren und einer Frequenz- und amplitudenstabilisierten Meßeinrichtung zur gleichzeitigen Bestimmung der komplexen Dielektrizitäts- und Permeabilitätskonstante von festen und flüssigen Materialien im rechteckigen Hohlleiter und im freien Raum bei Frequenzen von 9200 und 33000 MHz
1958, 132 Seiten, 37 Abb., DM 30,20

HEFT 524
Dr. rer. nat. S. Lockau, Emlichheim
Versuche zur Gewinnung von Kartoffeleiweiß
1958, 56 Seiten, 2 Abb., DM 12,70

HEFT 525
Prof. Dr. Dr. h.c. H. P. Kaufmann und Dr. F. Weghorst, Münster
Beiträge zur Chemie und Technologie der Fetthärtung I
in Vorbereitung

HEFT 526
Dr. phil. habil. P. Hölemann und Ing. R. Hasselmann, Dortmund
Einfluß der Oberflächenbeschaffenheit der Wandung auf den Ablauf von Azetylenexplosionen
1958, 62 Seiten, 8 Abb., 10 Tabellen, DM 14,50

HEFT 527
Dr. rer. nat. K. G. Müller, Hanau/W.
Wärmeübertragung auf eine Flugstaubströmung im senkrechten Rohr sowie auf eine durchströmte Schüttgutschicht
in Vorbereitung

HEFT 528
Dr. P. Ney und Dr. F. Schwarz, Köln
Physikochemische Grundlagen der Bildsamkeit von Kalken unter Einbeziehung des Begriffs der aktiven Oberfläche
Kristallchemische Betrachtung der Bildsamkeit
1958, 110 Seiten, 34 Abb., 6 Tabellen, DM 26,75

HEFT 529
Dr. phil. G. Riedel, Dortmund
Messung und Regelung des Klimazustandes durch eine die Erträglichkeit für den Menschen anzeigende Klimasonde
1958, 78 Seiten, 35 Abb., DM 17,95

HEFT 530
Prof. Dr. med. O. Graf, Dortmund
Nervöse Belastung im Betrieb — I. Teil: Nachtarbeit und nervöse Belastung
in Vorbereitung

HEFT 531
Prof. Dr.-Ing. habil. K. Krekeler, Dipl.-Ing. H. Verhoeven und Dipl.-Ing. H. Ernenputsch, Aachen
Autogenes Entspannen bei niedrigen Temperaturen
in Vorbereitung

HEFT 532
Prof. Dr.-Ing. habil. K. Krekeler, Dipl.-Ing. H. Verhoeven und Dipl.-Ing. W. Krieweth, Aachen
Schutzgasschweißen mit kontinuierlich abschmelzender Elektrode von niedriglegierten Kohlenstoffstählen (Sigma-Schweißen)
in Vorbereitung

HEFT 533
Prof. Dr.-Ing. H. Opitz und Dipl.-Ing. W. Hölken, Aachen
Untersuchung von Ratterschwingungen an Drehbänken
1958, 84 Seiten, 44 Abb., 2 Tab., DM 19,70

HEFT 534
Oberbergamtsdirektor H. Sanders, Dortmund
Seismische Forschungsarbeiten im Ostteil des Grubenfeldes König Ludwig
in Vorbereitung

HEFT 535
Dr.-Ing. J. Lennertz, Köln
Einfluß des Ausbaugrades und Benutzungsgrades nachrichtentechnischer Einrichtungen auf die Gesamtwirtschaft
in Vorbereitung

HEFT 536
Dr. rer. nat. C. W. Czernin-Chudenitz, Krefeld
Limnologische Untersuchungen des Rheinstromes. — Quantitative Phytoplanktonuntersuchungen
in Vorbereitung

HEFT 537
Dr.-Ing. N. Gössl, Frankfurt/M.
Probleme der Zugförderung im Zusammenhang mit der Ausnutzung der Atom-Energie
in Vorbereitung

HEFT 538
Prof. Dr. K. Hinsberg, Düsseldorf
Reaktion zur Frühdiagnose von Krebserkrankungen
1958, 28 Seiten, 1 Abb., 3 Tabellen, DM 7,00

HEFT 539
Prof. Dr. L. v. Ubisch, Norwegen
Die philogenetischen Symmetrieveränderungen bei den Seeigeln
in Vorbereitung

HEFT 540
Prof. Dr. rer. nat. H. Krebs, Bonn
Die katalytische Aktivierung des Schwefels
in Vorbereitung

HEFT 541
Prof. Dr. O. Schmitz-DuMont, Bonn
Reaktionen in flüssigem Ammoniak zur Gewinnung von 1. Titanylamid, 2. Oxykobalt (III)-amiden, 3. Ammonobasischen Kobalt (III)-benzylaten
in Vorbereitung

HEFT 542
Dr. phil. nat. G. Zapf, Schwelm
Entwicklung eines Verfahrens zur Herstellung von Formteilen aus Sintermessing
in Vorbereitung

HEFT 543
Prof. Dr. phil. habil. H. E. Schwiete, Dr. phil. H. Müller-Hesse und Dipl.-Ing. G. Gelsdorf, Aachen
Einlagerungsversuche an synthetischem Mullit. Teil II
1958, 42 Seiten, 5 Abb., 10 Tab., DM 10,—

HEFT 544
Prof. Dr. phil. habil. H. E. Schwiete, Dr.-Ing. A. K. Bose und Dr. phil. H. Müller-Hesse, Aachen
Die Schmelzphase in Schamottesteinen. — Teil II
in Vorbereitung

HEFT 545
Prof. Dr. phil. habil. H. E. Schwiete, Dr. rer. nat. G. Ziegler und Dipl.-Ing. Ch. Kliesch, Aachen
Thermochemische Untersuchungen über die Dehydration des Montmorillonits
in Vorbereitung

HEFT 546
Prof. Dr.-Ing. K. Leist und K. Graf, Aachen
Vergleich von Gleichdruck- und Verpuffungsgasturbinen
in Vorbereitung

HEFT 547
Prof. Dr.-Ing. K. Leist, K. Graf und D. Stojek, Aachen
Das betriebliche Verhalten von Gasturbinen-Fahrzeugen
in Vorbereitung

WESTDEUTSCHER VERLAG · KÖLN UND OPLADEN

HEFT 548
Prof. Dr.-Ing. K. Leist und J. Weber, Aachen
Spannungsoptische Untersuchungen von Turbinenscheiben mit angefrästen und eingesetzten Schaufeln
in Vorbereitung

HEFT 549
Dr.-Ing. R. Merten, Duisburg
Resonanzanpassung bei einem Tiefpaß
1958, 36 Seiten, 16 Abb., DM 9,—

HEFT 550
Dr. H. Stephan, Bonn
Elektrisches Standhöhenmeßgerät für Flüssigkeiten
1958, 40 Seiten, 13 Abb., 2 Tab., DM 10,10

HEFT 551
Prof. Dr. phil. W. Weizel und Dipl.-Phys. B. Brandt, Bonn
Betriebsbedingungen einer stromstarken Glimmentladung
1958, 68 Seiten, 18 Abb., DM 16,00

HEFT 552
Dr.-Ing. G. Leiber und Dipl.-Ing. D. Schauwinhold, Duisburg-Hamborn
Versuche zur Erzeugung halbberuhigten Stahles
1958, 42 Seiten, 23 Abb., 6 Tabellen, DM 11,30

HEFT 553
Prof. Dr. rer. pol. G. Garbotz und Dipl.-Ing. J. Theiner, Aachen
Untersuchungen der Walzverdichtungsvorgänge auf Lößlehm, Kies und Schotter
in Vorbereitung

HEFT 554
Prof. Dr.-Ing. H. Müller, Essen
Untersuchung von Elektrowärmegeräten für Laienbedienung hinsichtlich Sicherheit und Gebrauchsfähigkeit. — Teil II: Temperaturen an und in schmiegsamen Elektrogeräten
in Vorbereitung

HEFT 555
Prof. Dr. med. H. Elbel und Dipl.-Phys. K. Sellier, Bonn
Der Nachweis kleinster CO-Mengen in Körperflüssigkeiten
1958, 36 Seiten, 12 Abb., DM 9,10

HEFT 556
Prof. Dr. A. Gütgemann und Dr. med. G. Karcher, Bonn
Klinische und experimentelle Untersuchungen mit Hilfe einer künstlichen Niere
1958, 28 Seiten, 4 Abb., DM 7,10

HEFT 557
Dr.-Ing. H. Schiffers, Dipl.-Ing. D. Ammann, Dipl.-Ing. E. Brugger und R. Dicke, Aachen
Härtbarkeit von Gußeisen mit Lamellen- und Kugelgraphit in Abhängigkeit von Zusammensetzung und Gefüge
1958, 44 Seiten, 24 Abb., 1 Tab., DM 11,—

HEFT 558
Dr. phil. C. A. Roos, Aachen
Menschlich bedingte Fehlleistungen im Betrieb und Möglichkeiten ihrer Verringerung
in Vorbereitung

HEFT 559
Prof. Dr. H. E. Schwiete und Dipl.-Chem. R. Gauglitz, Aachen
Die Verflüssigung von Montmorillonitschlämmen
in Vorbereitung

HEFT 560
Prof. Dr. med. J. Vonkennel und Dr. G. Froitzheim, Köln
Zur Prüfung silikonhaltiger Hautschutzsalben
in Vorbereitung

HEFT 561
Prof. Dr.-Ing. W. Sturtzel und Dr.-Ing. Schmidt-Stiebitz, Duisburg
Verbesserung des Wirkungsgrades von Düsenpropellern durch zusätzlich angeordnete Mischdüsen
in Vorbereitung

HEFT 562
Prof. Dr.-Ing. H. Schenck, Prof. Dr. phil. habil N. G. Schmahl und Dr.-Ing. G. Funke, Aachen
Die Reduzierbarkeit von Eisenerzen
in Vorbereitung

HEFT 563
Dr. D. v. Oppen, Dortmund
Beiträge zur Soziologie der Gemeinde im Ruhrgebiet.— II. Familien in ihrer Umwelt
in Vorbereitung

HEFT 565
Dr. K. Hahn und Dr. R. Mackensen, Dortmund
Beiträge zur Soziologie der Gemeinde im Ruhrgebiet. – IV. Die kommunale Neuordnung des Ruhrgebietes, dargestellt am Beispiel Dortmunds
in Vorbereitung

HEFT 566
Dr. H. Klages, Dortmund
Der Nachbarschaftsgedanke und die nachbarliche Wirklichkeit in der Großstadt
in Vorbereitung

HEFT 567
Dr. rer. nat. K. Sauerwein, Düsseldorf
Anwendungen radioaktiver Isotope in der Technik
in Vorbereitung

HEFT 568
Prof. Dr. Alde, Dipl.-Chem. M. Dollhausen und Dipl.-Chem. M. Tremery, Köln
Über einige neue Reaktionen des Indens
in Vorbereitung

HEFT 569
Dr. phil. habil. P. Hölemann, Ing. R. Hasselmann und J. Strootmann, Düsseldorf
Acetylenverluste an Naßentwicklern
in Vorbereitung

HEFT 570
Prof. Dr.-Ing. habil. K. Krekeler, Dr.-Ing. H. Peukert und Dipl.-Ing. O. Schwarz, Aachen
Kerbempfindlichkeit thermoplastischer Kunststoffe abhängig von der Kerbform und der Beanspruchungstemperatur
in Vorbereitung

HEFT 571
Privatdozent Dr. med. W. Klosterkötter, Münster
Wirkung der Kieselsäure bei der Entstehung der Silikose
1958, 166 Seiten, 98 Abb., DM 41,95

HEFT 572
Dipl.-Kaufmann Dipl.-Volksw. Jean-Baptiste Felten, Köln
Wert und Bewertung ganzer Unternehmungen unter besonderer Berücksichtigung der Energiewirtschaft
in Vorbereitung

HEFT 573
Prof. Dr. phil. F. Wever, Dr. rer. nat. W. Jellinghaus und Dr.-Ing. Toshimori Shuin, Düsseldorf
Gemischt-keramische Sinterwerkstoffe aus Aluminiumoxyd und Eisen oder Eisenlegierungen
in Vorbereitung

HEFT 574
Dr.-Ing. habil. H. Klingelhöffer, München
Trocknungsvorgänge beim Beschichten von Papier und Pappen mit Kunststoffdispersionen
in Vorbereitung

HEFT 575
Prof. Dr. phil. habil. C. Kröger, Aachen
Verkokungsverhalten der Steinkohlenmacerale und ihrer Mischungen
in Vorbereitung

HEFT 576
Prof. Dr. F. Micheel und Dr. H. G. Bussmann, Münster
Untersuchung synthetischer Kohlenhydrat-Eiweißverbindungen mit der Ultracentrifuge bei der Elektrophorese
in Vorbereitung

HEFT 577
S. Ruff u. a.
Untersuchungen zur therapeutischen Anwendung des Sauerstoffmangels
1958, 128 Seiten, 30 Abb., DM 29,10

HEFT 578
G. Fellner
Der Einfluß der Fluggeschwindigkeit auf die Wirtschaftlichkeit von Durch- und Ausstromtriebwerk
in Vorbereitung

HEFT 579
Dipl.-Ing. H. J. Koch, Essen
Untersuchungen über den Abhebedruck von Brenngasen
in Vorbereitung

HEFT 580
Prof. Dr.-Ing. A. Götte und Dipl.-Chem. G. Scholz, Aachen
Unterstützung der Entwässerung von Feinkohle durch chemische Hilfsmittel
in Vorbereitung

HEFT 581
Obermedizinalrat a. D. Dr. med. F. Bassermann, Regensburg
Elektronenoptische Untersuchungen an Ultradünnschnitten des Tuberkulose-Erregers sowie der käsigen Gewebsnekrose und zum Problem des Vorkommens einer mycobakteriellen L.-Phase
in Vorbereitung

HEFT 582
Dr. phil. C. A. Roos, Aachen
Arbeitsleistung und Arbeitsgüte
in Vorbereitung

HEFT 583
Prof. Dr. phil. F. Kirchner, Dipl.-Phys. H. Baron und Dipl.-Phys. H. Kirchner, Köln
Verwendbarkeit von Zählrohren zu massenspektrometrischen Untersuchungen
in Vorbereitung

HEFT 584
G. Kroebel, Köln
Maßnahmen der Nachwuchs- und Talentförderung im Deutschen Gewerkschaftsbund
1958, 72 Seiten, DM 16,35

HEFT 585
Dr. phil. M. Simoneit, Köln
Gedanken und Vorschläge zur Auslese technischer Talente
in Vorbereitung

HEFT 586
Dr.-Ing. W. A. Fischer und Dr. rer. nat. A. Hoffmann, Düsseldorf
Verhalten von Eisen- und Stahlschmelzen im Hochvakuum
in Vorbereitung

HEFT 587
Dipl.-Ing. H. Schmidt, Krefeld
Auswirkung der Strömungsverhältnisse in Trommelwaschmaschinen unter besonderer Berücksichtigung des Durchlaufspülens
in Vorbereitung

HEFT 588
Dr.-Ing. W. Wilhelm, Aachen
Untersuchungen über den Einfluß der Auspuffrohrabmessungen auf den Ladungswechsel einer Einzylinder-Zweitakt-Vergasermaschine mit Kurbelkastenspülung
in Vorbereitung

HEFT 589
Prof. Dr. phil. habil. C. Kröger, Aachen
Wärmebedarf der Silikatglasbildung
in Vorbereitung

HEFT 590
Übergabe des Synchro-Zyklotrons an das Institut für Strahlen- und Kernphysik der Universität Bonn am 8. Mai 1957
in Vorbereitung

HEFT 591
Dr. Schairer, Köln
Aufgabe, Struktur und Entwicklung der Stiftungen
in Vorbereitung

HEFT 592
Verein zur Förderung des Forschungsinstituts für Rationalisierung an der Rhein.-Westf. Technischen Hochschule Aachen
Das Forschungsinstitut für Rationalisierung an der Rhein.-Westf. Technischen Hochschule Aachen
in Vorbereitung

HEFT 593
Dr. phil. C. A. Roos, Aachen
Berufseignung und Berufseinsatz — I. Teil
in Vorbereitung

HEFT 594
Prof. Dr. A. Nikuradse, München
Energieabsorption von Atomkernstrahlen in organischen Stoffen und durch sie hervorgerufene Reaktionsprozesse
in Vorbereitung

HEFT 595
Prof. Dr. A. Nikuradse und Dipl.-Phys. K. Kugler, München
Einfluß der molekularen bzw. atomaren Beschaffenheit der Festwandoberflächenschicht auf die Wechselwirkung zwischen auftreffenden Gasmolekülen und der Wand
in Vorbereitung

HEFT 596
Dipl.-Ing. K.-H. Hardieck, Aachen
Theoretische und experimentelle Untersuchungen der stationären Vorgänge in magnetischen Verstärkern
in Vorbereitung

HEFT 597
Prof. Dr. phil. F. Wever, Dr. phil. W. Wink und Dr. rer. nat. W. Jellinghaus, Düsseldorf
Suszeptibilitätsmessungen an hochwarmfesten Legierungen auf Nickel-Chrom- und Kobalt-Nickel-Chrom-Grundlage
in Vorbereitung

HEFT 598
Prof. Dr.-Ing. F. A. F. Schmidt, Aachen
Hydrodynamische und mechanische Gesetzmäßigkeit eines nach dem Scheibenverteilerprinzip arbeitenden Einspritzsystems für Ottomotore
in Vorbereitung

WESTDEUTSCHER VERLAG · KÖLN UND OPLADEN

HEFT 599
Dr. phil. W. Koch und Dipl.-Phys. Dr. phil. H. Sundermann, Düsseldorf
Elektrochemische Grundlagen der Isolierung von Gefügebestandteilen in metallischen Werkstoffen
in Vorbereitung

HEFT 600
Dr. phil. W. Koch, Dr. phil. S. Eckhard und Dr. rer. nat. F. Stricker, Düsseldorf
Die lichtelektrische Spektralanalyse der Gase im Stahl
in Vorbereitung

HEFT 601
W. Barbo und E. Stiller, Köln
Die Lage des Technisch-Wissenschaftlichen Nachwuchses und der Technisch-Wissenschaftlichen Hochschulen in der Bundesrepublik
in Vorbereitung

HEFT 602
H. von Stebut, Köln
Die Hochschulen in der Aufwärtsentwicklung Westdeutschlands
in Vorbereitung

HEFT 603
Prof. Dr.-Ing. L. Engel und Dr.-Ing. J. Foerster, Clausthal-Zellerfeld
Gummielastische Stoffe als Dämpfungselemente an schlagenden Werkzeugen
in Vorbereitung

HEFT 604
Dipl.-Ing. H. Gröttrup, Aachen
Studienanalyse halbautomatischer Dokumentationsselektoren
in Vorbereitung

HEFT 605
Ing. L. Bommes, M.-Gladbach
Bestimmung von Leistung und Wirkungsgrad eines Ventilators
in Vorbereitung

HEFT 606
Oberbaurat Prof. Dr.-Ing. W. Meyer zur Capellen, Aachen
Eine Getriebegruppe mit stationärem Geschwindigkeitsverlauf
in Vorbereitung

HEFT 607
Prof. Dr. rer. pol. H. Jecht, Münster
Die Wettbewerbslage der westdeutschen Juteindustrie
in Vorbereitung

HEFT 608
Prof. Dr. habil. W. Linke und Dipl.-Ing. W. Hufschmidt, Aachen
Wärmeübergang bei pulsierender Strömung
in Vorbereitung

HEFT 609
Technisch-Wissenschaftliches Büro für die Bastfaserindustrie, Bielefeld
Verteilung der Bastfasern im Verzugsfeld einer Nadelstabstrecke
1958, 56 Seiten, 10 Abb., 2 Tab., DM 13,45

HEFT 610
Prof. J. W. Korte, Dr.-Ing. P. A. Mäcke und Dipl.-Ing. R. Lapierre
Gestaltung von Straßenverkehrsanlagen
in Vorbereitung

HEFT 611
Dr. R. Schairer, Köln
Aufgaben der Talentförderung
in Vorbereitung

HEFT 612
Dr. H. Bauer, Köln
Der Betrieb als Bildungsfaktor
in Vorbereitung

HEFT 613
Prof. Dr. phil. habil. E. Graeser, Göttingen
Vergleichende Studien über die Art, die Bedeutung und den Erfolg der Ausbildung von Ingenieuren, Mathematikern und Naturwissenschaftlern in der sogenannten Deutschen Demokratischen Republik und in der Bundesrepublik
in Vorbereitung

HEFT 614
Prof. Dr. W. Weltzien, Krefeld
Die Textilforschungsanstalt Krefeld 1920—1958
Ein Bericht zur Einweihung ihres Neubaus Frankenring 2
1958, 100 Seiten, 16 Abb., 23,50

HEFT 615
Prof. Dr. W. Weizel und Duk Hyun Whang, Bonn
Stromverteilung auf der Kathode einer Glimmentladung in Spalten bei hohen Drucken und abseits stehender Anode
in Vorbereitung

HEFT 616
Prof. Dr. W. Weizel und W. Ohlendorf, Bonn
Die Glimmentladung in spaltartigen Entladungsräumen
in Vorbereitung

HEFT 617
Prof. Dipl.-Ing. W. Sturzel und Dr.-Ing. W. Graff, Duisburg
Systematische Untersuchungen von Kleinschiffsformen auf flachem Wasser im unter- und überkritischen Geschwindigkeitsbereich
in Vorbereitung

HEFT 618
Prof. Dipl.-Ing. W. Sturtzel, Dr.-Ing. W. Graff, Duisburg
Untersuchungen der in stehendem und strömendem Wasser festgestellten Änderungen des Schiffswiderstandes durch Druckmessungen
in Vorbereitung

HEFT 619
Prof. Dr. med. O. Graf, Dr. med. Dr. phil. J. Rutenfranz, Dortmund
Zur Frage der Belastung von Jugendlichen
in Vorbereitung

HEFT 620
Dr. rer. nat. D. Horstmann, Düsseldorf
Der Einfluß von Aluminium im Eisen- und im Zinkbad auf den Zinkangriff
in Vorbereitung

HEFT 621
Techn.-Wissensch. Büro für die Bastfaser-Industrie, Bielefeld
Untersuchungen zur Verbesserung des Leinenwebstuhles V
in Vorbereitung

HEFT 622
Prof. Dr. W. Franz, Münster
Theorie der Elektronenbeweglichkeit in Halbleitern
in Vorbereitung

HEFT 623
Dr. phil. C. A. Roos, Aachen
Berufseignung und Berufseinsatz, II. Teil
in Vorbereitung

HEFT 624
Prof. Dr. G. Schmölders, Köln
Progression und Regression
in Vorbereitung

HEFT 625
Prof. Dr.-Ing. habil. W. Petersen und Dr.-Ing. S. Wawroscheck, Aachen
Brikettierungsversuche zur Erzeugung von Möllerbriketts für die Schwelverhüttung
in Vorbereitung

HEFT 626
Deutsches Krankenhaus-Institut e.V., Düsseldorf
Arbeitsabläufe auf Krankenstationen
in Vorbereitung

HEFT 627
Prof. Dr. phil. H. Wurmbach, Bonn
Steuerung von Wachstum und Formbildung
in Vorbereitung

HEFT 628
Prof. Dr.-Ing. E. Siebel, Düsseldorf
Die Ermittlung der Fließkurven von Schraubenwerkstoffen
in Vorbereitung

WESTDEUTSCHER VERLAG · KÖLN UND OPLADEN

MIX
Papier aus verantwortungsvollen Quellen
Paper from responsible sources
FSC® C105338

If you have any concerns about our products,
you can contact us on
ProductSafety@springernature.com

In case Publisher is established outside the EU,
the EU authorized representative is:
**Springer Nature Customer Service Center GmbH
Europaplatz 3, 69115 Heidelberg, Germany**

Printed by Libri Plureos GmbH
in Hamburg, Germany